浙乡鱼味

——浙江主要优特水产品

浙江省水产技术推广总站 组编

王 扬 主编

浙江科学技术出版社

版权所有　侵权必究

图书在版编目（CIP）数据

　　浙乡鱼味：浙江主要优特水产品/浙江省水产技术推广总站组编；王扬主编. —杭州：浙江科学技术出版社，2023.3

　　ISBN 978-7-5739-0353-2

　　Ⅰ.①浙… Ⅱ.①浙… ②王… Ⅲ.①水产品—浙江—普及读物 Ⅳ.①S922.55-49

　　中国版本图书馆CIP数据核字（2022）第226847号

书　　名	浙乡鱼味——浙江主要优特水产品			
组　　编	浙江省水产技术推广总站			
主　　编	王　扬			
出版发行	**浙江科学技术出版社** 杭州市体育场路347号　邮政编码：310006 编辑部电话：0571-85152719 销售部电话：0571-85176040 网址：www.zkpress.com E-mail：zkpress@zkpress.com			
排　　版	杭州真凯文化艺术有限公司			
印　　刷	杭州捷派印务有限公司			
开　　本	880mm×1230mm　1/32	印　　张	6.25	
字　　数	134千字			
版　　次	2023年3月第1版	印　　次	2023年3月第1次印刷	
书　　号	ISBN 978-7-5739-0353-2	定　　价	36.80元	

责任编辑	詹　喜	**文字编辑**	周乔俐
责任校对	李亚学	**责任美编**	金　晖
责任印务	叶文炀		

《浙乡鱼味——浙江主要优特水产品》编写人员

主　编　王　扬

副主编　丁雪燕　柯庆青　李诗言　何　辉

编　者（按姓氏笔画排序）

　　　　　　卜伟绍　王　扬　王　曙　王鼎南　方伦益
　　　　　　孔俏丹　叶　霆　邢巨斌　严华音　苏来金
　　　　　　李　明　李诗言　吴洪喜　何　辉　何光喜
　　　　　　沈水娥　陆　炜　陈小芳　陈孝涨　罗华明
　　　　　　周　凡　周　钦　周以琳　周志金　郑天伦
　　　　　　线　婷　胡金春　柯庆青　柳　海　姚子亮
　　　　　　顾晶磊　徐卫国　高培国　桑传其　黄福勇
　　　　　　梅新贵　韩　珂　舒猛侠　曾泽国　詹士立
　　　　　　廖晓丹

组　编　浙江省水产技术推广总站

前　言

浙江西面青山秀水，东临浩渺大海，北有鱼米之乡，是著名的渔业大省。自古以来，勤劳的浙江渔民依仗丰富的水资源，开展养殖和捕捞生产，孕育了多姿多彩的渔业文化，传承了众多的鱼味美食。现代渔业技术的发展，更是赋予了浙江各地传统水产品新的活力和寓意，带动农村经济发展，促进渔民共同富裕。

水产品营养丰富，味道鲜美，一直是深受百姓喜爱的健康食品。浙江渔业生产历史悠久，积淀了深厚的渔业文化。本书选择浙江重点地域性优特水产品，以质量安全和营养品质为重点，介绍水产品的产地环境、养殖生产和捕捞、初级及加工产品的营养价值、养生功能、食用方法、品质安全、文化内涵等内容，推动申报农产品地理标志认证，发展乡愁产品产业，进一步提高公众对该类产品的认知度和消费信心。

本书以"消费、市场、生产"联动为目标，通过营养品质的介绍,大力宣传浙江优质水产品,以期建立"以品质引导消费、以消费培育市场、以市场决定生产"的渔业商品运营发展新模式,有效促进浙江渔业生产方式的转变,持续推进"三品一标"农产品品牌和专业市场的培育,引导渔业增效、渔民增收,让水产产业得到健康、持续、高质量发展!

由于编者水平有限,书中难免存在不足之处,敬请广大读者批评指正。

编　者

2022年12月

目　录

鱼类

一　青山秀水出好鱼——千岛湖淳鱼　　/3

二　文化遗产生态鱼——桑基塘鱼　　/12

三　现代生态黑里俏——禹越乌鳢　　/20

四　鱼米之乡鱼肥鲜——王江泾青鱼　　/28

五　稻谷丰收田鱼肥——青田田鱼　　/40

六　古泉清流鱼味鲜——开化清水鱼　　/47

七　山海一城黄金鱼——大陈黄鱼　　/57

虾蟹类

八　鲜嫩白透似玲珑——萧山白对虾　　/69

九　水乡泽国虾精灵——德清青虾　　/77

十　三江之汇蟹味绝——兰江蟹　　/86

十一　横行世界小海鲜——三门青蟹　　/100

龟鳖类

十二　高山稻田生态鳖——云和鳖　　　　　　　　　/111

贝　类

十三　东海碧波俏夫人——嵊泗贻贝　　　　　　　　/125

十四　海珍美味西施舌——长街缢蛏　　　　　　　　/134

藻　类

十五　海岛洞头金名片——洞头羊栖菜　　　　　　　/147

十六　海洋牧场长寿菜——苍南紫菜　　　　　　　　/156

加工产品类

十七　粒粒珍馐赛黄金——衢州鲟鱼子酱　　　　　　/169

十八　西施故里育珠玑——诸暨珍珠　　　　　　　　/179

参考文献　　　　　　　　　　　　　　　　　　　/191

鱼 类

一 青山秀水出好鱼——千岛湖淳鱼

【产地环境】

千岛湖位于浙江西部与安徽南部交界的淳安县境内,水域面积573平方千米,是我国长三角地区最大的人工湖泊,也是华东地区重要的战略水源地(图1-1),在我国大江大湖中位居优质水源之首,被誉为"天下第一秀水"。正是千岛湖的灵山秀水,孕育出了独一无二的"千岛湖淳鱼"。

图1-1 千岛湖自然环境

千岛湖属亚热带湿润季风气候，年平均气温17.8℃，年平均降水量1489毫米，年平均蒸发量1355毫米，雨季在6月上旬至7月上旬。千岛湖的主要源水为安徽境内的新安江及其支流，汇水来自安徽的歙县、休宁县、屯溪区、绩溪县，以及祁门县和黄山区的南部。上游新安江是主要入库河流，入库径流量占总径流量的60.2%，换水周期为2年。

千岛湖水清澈见底，平均水深30.44米，平均含沙量每立方米仅有0.007千克，能见度达9～11米，属国家一级水体，不经任何处理即达饮用水标准。据相关部门化验检测，千岛湖水的pH为7.1～7.4，呈弱碱性，溶解氧在6.0毫克/升以上，污染物质含量极低，是名副其实的"清溪水"。利用这样干净优质的水体，当地科学发展生态养殖，成就了千岛湖有机淳鱼的盛名。

千岛湖有机淳鱼以鳙鱼为主（图1-2）。鳙（*Aristichthys nobilis*），又名花鲢、胖头鱼、包头鱼、大头鱼、黑鲢等，属硬骨鱼纲、鲤形目、鲤科。外形似鲢，侧扁。头部大而宽，头长约为体长的1/3。口亦宽大，稍上翘，眼位低。鳃孔较大，鳃盖膜很发达。鳞细而密。背部黑色，体侧深褐色，带有黑色或黄色花斑。腹部灰白色。各鳍浅灰色。从腹鳍基部至肛门之间具有角质腹棱。胸鳍较长，其后缘超过腹鳍基部。有机鳙鱼性温驯，不爱跳跃，易运输，人们可以轻松地将活鱼运往全国各地。

图1-2　千岛湖淳鱼——鳙鱼

【养殖生产】

千岛湖是全国第一个有机鱼养殖基地,"淳"牌有机鱼是全国首批通过原国家环境保护总局有机食品发展中心认证的有机鱼。

有机鱼是指来自有机生产体系,按照相关标准要求生产的鱼类。有机鱼的生产遵循自然规律和生态学原理,在生产、加工、包装、储存、运输等过程中不使用任何化学合成物质,不利用离子辐射和转基因等技术,有完整的跟踪记录,并通过有机食品认证机构认证。此外,有机鱼的生产必须在无污染的水体中进行。

为保证淳鱼生产严格按照规定进行,当地养殖企业于2003年发布了《千岛湖有机鳙鲢鱼》系列标准,按照GAP(良好农业规范)认证、HACCP(危害分析与关键控制点)体系认证要求,规范鱼苗培育、夏花鱼种生产、一龄仔口鱼种生产、二龄老口鱼种生产、成鱼养殖捕捞、运输等环节的生产标准。2017年,当地养殖企业主导制定的T/CAPPMA 01—2017《天然水域活鲢、鳙鱼分割规范》和T/CAPPMA 02—2017《天然水域冻鲢、鳙鱼制品》成为我国水产流通与加工协会的团体标准。

【产业发展】

淳安县千岛湖渔业经历了从传统渔业到有机渔业、生态渔业的转变,60年来的探索、实践和创新,走出了一条独具特色的生态渔业发展之路。

目前,千岛湖有机鱼采用自然放养的生态养殖方式,由人工捕捞。2001年,当地将捕捞场景打造成旅游观光项目——巨网捕鱼(图1-3)。作为千岛湖渔业生产的一个主要环节,巨网捕鱼已成为享誉国内外的一张旅游金名片,一网扬名天下,堪称"中华一绝"。鱼跃人欢的盛况背后,有一支由100余艘船只组成的捕捞队,新安江上流传的"九姓渔民"便是这支队伍的主体。相传,元朝末年朱元璋与陈友谅争夺天下,陈友谅被打败后,他手下九员"陈、钱、林、李、袁、孙、叶、许、何"姓大将及其家眷一千余人被朱元璋贬为"贱民",不可上岸定居、通婚、读书、应试,因而形成了一个特殊的水上渔民部落。中华人民共和国成立后,这个特殊的水上渔民部落被当地政府招工并组建成了一支专业的捕捞队伍。

图1-3 千岛湖捕捞场景——巨网捕鱼

20世纪末,淳安县政府联合当地渔业生产企业与中央企业共同打造"央地合作"新模式,充分发挥千岛湖区域优势、生态优势、体制优势,建立了集"养殖、管护、捕捞、销售、加工、烹饪、旅游、文创"为一体的完整产业链。目前,独具特色的千岛湖生态渔业经营模式已成为我国水库生态渔业发展的标杆。千岛湖有机鱼销往全国20多个省(区、市)的上千家宾馆、酒店,取得了生态效益和经济效益的双丰收。

有机淳鱼常年生活在广阔的千岛湖中,以水中的天然浮游生物为饵料,无须人工投食喂养。每当春季来临,满山遍野的松花粉飘落湖中,为淳鱼的生长带来了优质的营养。有机淳鱼在经过长达7年以上的原生放养,规格达到4千克以上时,才会被捕捞上市。为赋予千岛湖有机鱼独特的产品属性,加强品牌建设,千岛湖渔业于2000年注册了"淳"牌商标(图1-4)。同年10月,"淳"牌千岛湖鲢、鳙等10个品种鱼类通过原国家环境保护总局有机食品发展中心的有机食品认证,成为我国首批有机水产品。此外,当地

图1-4 "淳"牌商标

企业注册了"千岛湖鱼味馆"和"披云徽府菜"2个餐饮品牌,投资建设了餐饮酒店15家。同时,当地企业以鱼味馆为大本营,设立淡水鱼烹饪学校,开发和推广鱼头菜肴,推动鱼头餐饮市场建设,并为全国淳鱼经销酒店提供淳鱼烹饪技术培训服务,经济产值超过10亿元,直接拉动千岛湖餐饮、旅游和农产品等相关产业,引领和辐射带动全国有机渔业。

【营养价值】

千岛湖有机淳鱼因得天独厚的生态环境和纯自然的野生习性,体形壮硕圆润,体色乌黑光亮,肉质弹嫩细腻,口感醇正鲜美,回

味无穷。

鳙鱼属于高蛋白、低脂肪、低胆固醇的鱼类,每100克鳙鱼含有蛋白质15.3克、脂肪0.90克,还含有维生素B_2、维生素C、钙、磷、铁等营养物质。《本草纲目》中记载鳙鱼"甘,温,无毒"。《本草求原》中描述鳙鱼"暖胃,益人"。鳙鱼性温、味甘,适合体质虚弱、脾胃虚寒、营养不良的人食用。

鳙鱼鱼头大而肥,肉质雪白细嫩,是鱼头火锅的首选。鱼脑含有多不饱和脂肪酸,多不饱和脂肪酸是一种人体必需的营养物质,可以起到改善大脑功能的作用。另外,鱼鳃根部的肉俗称鱼云、核桃肉,水分充足,呈透明胶状,口感极好,富含胶原蛋白。

> 多不饱和脂肪酸是一类含有2个或2个以上双键且碳链长度为16~22个碳原子的直链脂肪酸。其中,具有重要生物学功能的通常是ω-3组和ω-6组。多不饱和脂肪酸是细胞膜的重要成分,对机体的激素代谢和许多酶的活性起调控作用,能降低心脏病发生率,抑制前列腺增生和乳腺肿瘤,延缓免疫功能衰退,对新生儿脑和视力的发育是必要的。

【综合利用】

为适应家庭消费群体的需求,实现大鱼"游"上小餐桌,千发集团创新超低温鲜冻技术,实施庖丁解"鱼",将一条鱼分割成13个部分(图1-5)。先将活鱼刮鳞、洗净,再分割分段。整体细分为鱼鳃肉、鱼唇、鱼脸、月牙肉、鱼中骨、背脊肉、腹肋肉、鱼排、鱼腩、鱼鳍、鱼尾、鱼胶、鱼子。一级活鱼经过现杀放血后,外观上保持肉质白皙细腻,再经独创的-48℃微晶鲜冻技术处理后,可以保持与活鱼一样的风味和品质。

标准化精细分割的淳鱼鲜活及鲜冻产品成为优质食材的最佳选择,烹饪技术的研发和提升又使菜肴更具特色和风味。鱼头做成"秀水砂锅鱼头",鱼胶做成"秀水鱼鳔",鱼尾做成"群鱼献花",鱼皮做成"凉拌鱼皮",让鱼体每一个部位都成为舌尖上的美味,形成特有的"淳鱼美食文化"。

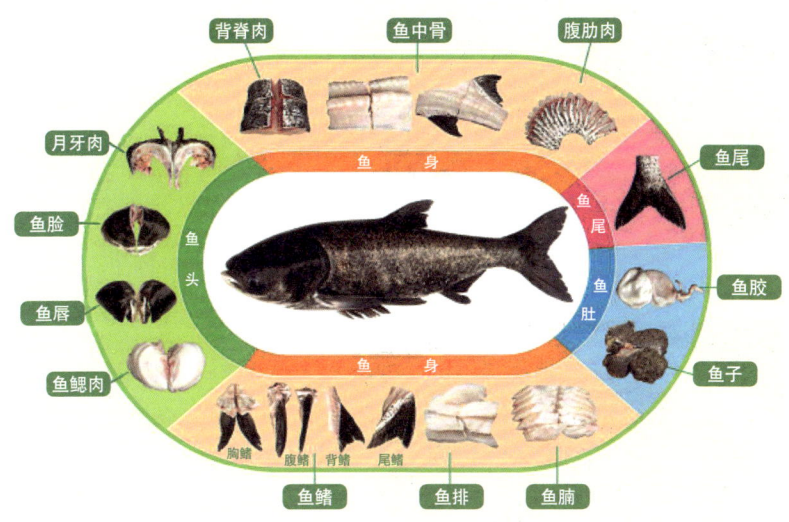

图1-5 淳鱼分割示意图

【美味佳肴】

菜名 剁椒鱼头（图1-6）。

原料 鱼头、鸡汤、莲藕、紫苏、剁椒等。

做法 将鱼头洗净，切成两半，在鱼肉部分打十字花刀，加入适量的葱、姜、料酒、盐，腌制10分钟备用。锅里加入藕片垫底，放入鱼头，加入鸡汤至没过鱼头的一半，在汤中加入辣酱和少许鸡粉，将剁椒放在鱼头上，大火煮3分钟，再撒上少许盐，盖上锅盖，文火焖12分钟。打开锅盖，舀起鱼汤淋到鱼头上，反复淋10次。取一砂锅，加入鲜紫苏叶垫底，将鱼头带汤一同倒入砂锅，放入京葱丝和韭菜段，盖上锅盖即可。

图1-6 剁椒鱼头

菜名 农家焖鱼（图1-7）。

原料 鱼头、泡椒、豆酱、姜、葱等。

做法 将鱼头洗净，切开，加入盐、少许加饭酒腌制入味。在干净的锅

图1-7 农家焖鱼

中加入猪油,放入鱼头,小火煎至鱼皮收紧,将鱼头盛起备用。在锅中加入底油,烧热,放入泡椒后中火炒香,加入开水2升,烧开后熬出香味,加入豆酱、鱼鲜酱及少许加饭酒、白糖、酱油、姜、葱,放入鱼头后中火加热10分钟左右,加入鸡精和醋,收汁装盘。在锅中加入底油,加入辅料炒香,淋在烧好的鱼头上即可。

菜名 鱼头豆腐汤(图1-8)。

原料 鱼头、豆腐、葱、姜等。

做法 将鱼头洗净,切开后铺到盘子上,撒上姜片,根据鱼头的大小加入适量的盐和料酒,涂抹均匀后腌制15分钟左右。锅预热后加入植物油,加热至产生油纹,再放入处理好的鱼头,煎至两面金黄,加入姜片、料酒和半锅开水,煮开。加入豆腐块,盖上锅盖,文火炖约20分钟,鱼汤呈浓厚的奶白色。根据个人口味加入适量食盐、少许白糖和胡椒粉。盖上锅盖后再炖5分钟,撒上香菜即可。

图1-8 鱼头豆腐汤

二 文化遗产生态鱼——桑基塘鱼

【产地环境】

湖州桑基塘鱼,不是指某一特定品种的鱼,而是特指采用我国传统生态循环农业模式——"桑基鱼塘"养殖的鱼类,主要包括青鱼、草鱼、鲢鱼、鳙鱼和鲫鱼等5个品种(图2-1,图2-2)。

湖州市地处浙江北部,东邻上海,南接杭州,西依天目山,北濒太湖,主要河流有西苕溪、东苕溪、京杭大运河等,渔业资源丰富,素有"丝绸之府、鱼米之乡、文化之邦"的美誉。湖州至今保留着历史悠久的生态循环农业模式——桑基鱼塘(图2-3),它以"塘基种桑、桑叶喂蚕、蚕沙养鱼、鱼粪肥塘、塘泥壅桑"为特征,充分利用了生物互生互养的原理,低耗、高效且对生态环境零

图2-1 湖州桑基塘鱼

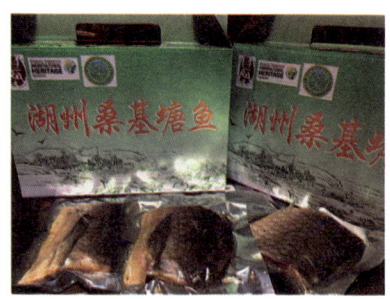

图2-2 湖州桑基塘鱼加工产品

二 文化遗产生态鱼——桑基塘鱼

图2-3 桑基鱼塘养殖环境

污染。这种独特的养殖模式生产的商品鱼被称为"桑基塘鱼",已成为湖州农业的传统特色产业。

【养殖历史】

桑基鱼塘系统是我国乃至世界史上人们认识和利用自然的伟大创举,是传统循环生态农业的典范。桑基鱼塘主要分布在太湖流域和珠江三角洲地区,文化底蕴深厚,有着很高的生态价值,凝聚了我国古代劳动人民的经验与智慧。

桑基鱼塘生态循环农业模式距今约有2500年历史。史料记载,湖州桑基鱼塘系统始于春秋战国时期太湖流域开展的"塘浦(溇港）圩田系统"水利工程建设，该工程于唐宋元时期逐步完善，在明清时期得到发展。明代浙江归安（今属湖州）人佚名撰写的《沈氏农书》和明末清初张履祥所著的《补农书》中具体描述了湖州桑基鱼塘的生产方式。

目前，湖州桑基鱼塘系统主要位于湖州市南浔区西部的菱湖镇、和孚镇行政区域范围内。南浔区以菱湖镇为中心，区域内有近4000公顷桑地和10000公顷鱼塘，是中国桑基鱼塘最集中、面积最大、保留最完整的区域。2014年5月，浙江湖州桑基鱼塘系统被正式认定为中国重要农业文化遗产。2017年11月，该系统通过了联合国粮农组织专家评审，入选全球重要农业文化遗产保护名录，成为浙江继青田稻鱼共生系统之后又一入选的农业文化遗产。

在桑基鱼塘生态系统中，人们种植桑树，用桑叶饲养蚕，用养蚕过程中的副产物蚕沙、蚕蛹等喂鱼，鱼粪及未被鱼食用的饲料会在塘底堆积成塘泥，再将鱼塘中积累的塘泥覆盖到塘基上当作肥料促进桑树生长，而且由于塘基有一定的坡度，塘基桑地土壤中多余的营养元素随着雨水冲刷又流回到鱼塘，从而实现整个桑基鱼塘生态系统的物质循环（图2-4）。我们的祖先按照青鱼、草鱼、鲢鱼、鳙鱼和鲫鱼生活的自然规律，创造出了一套良好的鱼塘水质控制自然生态系统——桑基鱼塘生态系统。桑基鱼塘不仅提高了物质的利用效率，丰富了产品的产出，还有助于蓄水防洪，改善人们的生存环境。联合国粮农组织将桑基鱼塘誉为"最佳人工生态系统"，联合国地球物理基金会认为桑基鱼塘这一传统生态养鱼模式，适宜在发展中国家推广。

二　文化遗产生态鱼——桑基塘鱼

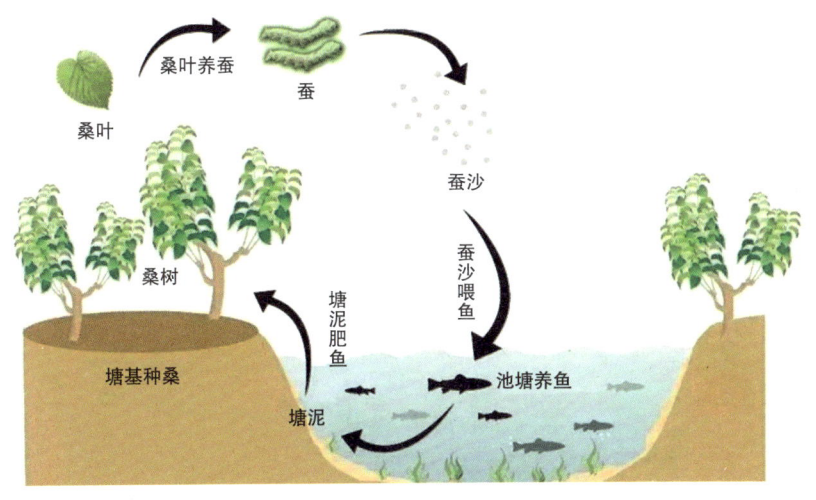

图2-4　桑基鱼塘生态系统示意图

【养殖模式】

湖州桑基塘鱼养殖传承了古法养殖模式，即按一定比例放养青鱼、草鱼、鲢鱼、鳙鱼和鲫鱼，共同构成多营养级立体生态养殖系统。鲢鱼、鳙鱼生活在鱼塘上层，草鱼生活在鱼塘中层，鲫鱼生活在鱼塘中下层，青鱼生活在鱼塘底层，充分利用鱼塘空间结构。在该系统中，青鱼主要以螺蛳肉、蚬肉、蚌肉及饼粕等高蛋白饵料为食，而青鱼排泄物是培育浮游动物、浮游植物等浮游生物的良好肥料。草鱼为草食性鱼类，以麦芽、青草和桑叶等植物饵料为食，可通过放养草鱼来控制鱼塘表面水生植物的生长，确保鱼塘光照充足，以促进浮游植物繁衍。鲫鱼为杂食性鱼类，以草鱼吃剩的残饵

15

和碎屑为食。青鱼、草鱼和鲫鱼的排泄物又是鱼塘浮游动植物的肥料，同时，浮游植物吸收从桑基流失到鱼塘的氮、磷、钾等营养元素和二氧化碳，利用光能进行光合作用而得以大量繁殖，浮游动植物的生长为鲢鱼、鳙鱼、鲫鱼提供大量饵料。

湖州桑基鱼塘系统中混养的5种鱼相互协调，互利共生，形成了一个良好的鱼塘生态食物链，同时能保持鱼塘的营养生态平衡，对鱼塘水质调控发挥着重要作用。

【营养风味】

青鱼、草鱼、鲢鱼、鳙鱼和鲫鱼本身就是淡水鱼中的"种子选手"。当地流传着"鳙鱼头，草鱼腰，青鱼尾巴不用挑"的谚语。桑基鱼塘独特的生态循环模式更是赋予了桑基塘鱼独特的口感和风味。桑基鱼塘利用桑树和水体生物链，达到和谐、共生、零污染，保持良好的水质，让鱼的口感回归原味，肉质更加鲜美。

青鱼、草鱼、鲢鱼、鳙鱼和鲫鱼的肌肉富含蛋白质、不饱和脂肪酸、多种矿物质元素和维生素。这5种鱼的蛋白质含量范围在16.6～20.1克/100克，均高于鸡蛋的蛋白质含量（13.4克/100克）。这5种鱼的必需氨基酸含量为2300～3040毫克/克氮，均高于FAO/WHO（联合国粮农组织/世界卫生组织）推荐的标准（2250毫克/克氮）。其中，必需氨基酸占总氨基酸含量的比例超过40%，符合规定的理想模式，说明这5种鱼不仅蛋白质含量较高，且氨基酸均衡性好，易于消化吸收，是一种营养价值较高的优质动物蛋白。

二 文化遗产生态鱼——桑基塘鱼

> 氨基酸是生物有机体的重要组成部分,已发现的氨基酸有上百种,在生命现象中起着至关重要的作用。必需氨基酸指人体自身不能合成或合成量不能满足人体需要,必须由食物蛋白供给的氨基酸,包括缬氨酸、异亮氨酸、亮氨酸、苯丙氨酸、蛋氨酸、色氨酸、苏氨酸、赖氨酸,婴儿还需要组氨酸。

鱼肉味道的鲜美程度与其肌肉中呈味氨基酸的组成和含量有关,氨基酸中的呈味物质有谷氨酸、天冬氨酸、丙氨酸和甘氨酸。据检测,桑基塘鱼肌肉中的呈味氨基酸含量明显高于普通的四大家鱼和鲫鱼,具体数据见表2-1。

表2-1 不同养殖方式下鱼肌肉中的呈味氨基酸含量比较

单位:克/100克

养殖鱼类型	天冬氨酸	谷氨酸	甘氨酸	丙氨酸	总量
桑基塘青鱼	1.91	3.34	0.88	1.20	7.33
青鱼*	1.78	2.79	0.92	1.18	6.67
桑基塘草鱼	1.66	3.06	0.76	1.06	6.54
草鱼*	1.54	2.44	0.94	1.01	5.93
桑基塘鲢鱼	1.80	3.24	0.77	1.04	6.85
鲢鱼*	1.75	2.82	0.90	0.98	6.45
桑基塘鳙鱼	1.84	3.45	1.00	1.21	7.50
鳙鱼*	1.30	2.02	0.94	0.94	5.20
桑基塘鲫鱼	1.67	2.89	1.07	0.83	6.46
鲫鱼*	1.76	2.54	0.98	0.97	6.25

注:*采用非桑基塘养殖方式。

【美味佳肴】

桑基塘鱼肉质鲜美，口感细腻，富有弹性，烹饪手法多样，清蒸、红烧等多种做法均为人们所喜爱。

菜名　青鱼甩水（图2-5）。

图2-5　青鱼甩水

甩水，即鱼尾。因鱼在水中游动时，鱼尾左右摆动，故名甩水。鱼尾选料以青鱼尾最佳，因其肉脂丰腴，胶质丰富，味极鲜美。红烧甩水菜色酱红，咸中带甜，肉质肥嫩。另有名菜青鱼下巴甩水，以青鱼下巴、鱼尾为主料，鱼唇肥厚，尾鳍上翅筋附有胶质，味道鲜嫩。

菜名　水煮鲢鱼（图2-6）。

图2-6　水煮鲢鱼

以鲢鱼为制作主料，佐以干辣椒，麻辣鲜香。水煮鲢鱼营养丰富，味道鲜美，健脾开胃，能改善食欲、增加饭量。其他常见的菜肴还有清蒸鲢鱼、水煮豆腐鱼、糖醋鲢鱼、

二 文化遗产生态鱼——桑基塘鱼

椒麻鱼等,能满足不同人群的口味。

菜名 清汤鱼圆(图2-7)。

原料 鳙鱼、蛋清、鸡精、胡椒粉、葱、姜等。

做法 将鱼沿鱼背剖成两半,剔除鱼骨。将鱼肉洗净后刮下,剁成鱼茸。将葱、姜切碎,倒入开水浸泡。在鱼茸中加入黄酒、蛋清、鸡精、胡椒粉和盐,分次加入适量泡好的葱姜水并搅打上劲,

图2-7 清汤鱼圆

搅打至鱼茸蓬松发白,再放入适量生粉拌匀,使鱼茸白而细腻,有黏性。水烧开后转小火,将鱼茸逐个挤成球形放入水中,转中火煮3分钟。鱼圆煮好后,加入熬好的鱼汤,再加入鸡蛋丝、青菜和粉丝等配料,煮开调味即可。

三 现代生态黑里俏——禹越乌鳢

【产地环境】

德清县禹越镇地处杭嘉湖平原中心地带,吴越文化源远流长,是典型的江南水乡,桑园万顷,水漾千亩,享有"鱼米之乡、丝绸之府"的美誉。禹越镇水资源丰富,水产养殖面积1.9万亩,特别是乌鳢产业,养殖面积占全省30%以上,是浙江省最大的乌鳢养殖集聚区。近年来,禹越镇创新生态养殖模式,让乌鳢产业焕发新机,打造的"黑里俏"生态乌鳢品牌荣获浙江省十大水产知名品牌。

乌鳢(*Ophicephalus argus*),俗称乌鱼、黑鱼,为我国传统的名优养殖鱼类,被誉为"鱼中珍品"(图3-1)。乌鳢体形呈长棒状,头部大而扁平,体色一般呈灰黑色,体背和头顶颜色较黑,腹部淡白,体侧各有不规则黑色斑块。乌鳢生命力很强,平时喜欢栖息于水草茂盛或浑浊的水底,捕食小鱼、小虾。《神农本草经》将其列为上品,李时珍在《本草纲目》中写道:"形长体圆,头尾相等,细鳞玄色,有斑点花纹,颇类蝮蛇……南人有珍之者,北人尤绝之。"乌鳢因其营养价值和药用

图3-1 禹越乌鳢

功效均较为突出，深受广大消费者喜爱。

【养殖历史】

德清县水产养殖历史悠久，《湖州市志》中记载：相传，春秋时范蠡隐居养鱼，约公元前460年，著《范蠡养鱼经》。禹越民间流传着一个西施食乌鳢报国的传说。春秋时期，吴越争霸，越王勾践欲使美人计以灭吴。范蠡寻得美人西施，西施有沉鱼落雁之貌，美中不足乃肌肤近看不够细腻。范蠡得知禹越一带有一黑鱼可润肤，美容养颜且抗衰老，食用后皮肤细腻紧致，遂将西施带至禹越，日日以黑鱼养颜。两年后，西施出落得肤白貌美、倾国倾城，被献于吴王后凭借美貌使吴王沉迷酒色，不理朝政。在她的内应下，勾践终于灭吴复国。西施食鱼养颜，以身报国的故事代代相传，后人为纪念西施将其所食之鱼命名为"黑里俏"，有"乌鳢虽黑，食而俏丽"之意。

禹越镇乌鳢养殖历史悠久，规模化养殖起步于20世纪80年代。全镇乌鳢养殖面积7840亩，年产乌鳢上万吨，产业链年销售额超2.2亿元，是禹越镇水产的第一大产业。近年来，在政府和养殖户的共同努力下，禹越镇乌鳢养殖已经发展成为有规模、有效益的块状经济模式。传统的乌鳢养殖产业因养殖集约化程度高，养殖水体易受到污染，造成乌鳢品质下降，一度导致整个禹越乌鳢养殖业呈下滑态势。2017年，禹越镇成立农合联为农服务中心，组建德清禹越黑里俏黑鱼专业合作社，注册"黑里俏"品牌，秉持"绿色、生态、健康"的养殖理念，大力推广乌鳢创新生态养殖模式，不断打造区域特色水产品，使"黑里俏"乌鳢成为华东市场一张响当当的金名片。

【养殖模式】

传统乌鳢养殖模式养殖密度高，通过大量投喂来缩短商品鱼生长周期，出产的商品鱼往往具有脂肪含量高、体态粗短、肉质松散、异味重等缺点，产品销售走批发途径，价格低廉，生产者始终处于"生死边缘"，使养殖水产品产销进入了"吃鱼不难，吃好鱼太难"的阶段。

自2017年起，禹越镇依托浙江省水产技术推广总站技术支持，走出了乌鳢绿色生态养殖新路子。新型的乌鳢生态养殖模式，养殖密度低，推广应用环保型高效饲料，同时通过生态净养、个体溯源标记和构建产品追溯平台等技术，大大提高了禹越乌鳢品质。

生态净养技术是利用物理和生物等成熟的净水技术，同时控制水体溶解氧含量、营养盐含量、日换水率、杀菌消毒等技术参数建立起的一套可控的良性水生态净化系统（图3-2）。传统池塘养殖乌鳢在可控的环境里停食生态净养7～14天，使其脱脂塑形，增加风味，提高营养价值，达到零药残。净养系统中水质较好，大大降低了乌鳢的土腥味。不断流动的水加大了乌鳢的运动量，使其脂肪含量降低，蛋白质含量升高，一直在运动的乌鳢，其肉质

图3-2　乌鳢生态净养车间

三 现代生态黑里俏——禹越乌鳢

也更鲜嫩。同时,通过生态净养,残留的药物也得到了代谢,即使使用过药物,也可以达到零药残,具有绿色、生态、优质、安全等特点。

个体溯源标记则是将普通的乌鳢变成科技味十足的"芯片鱼"(图3-3)。火柴梗大小的"T"形标头被植入鱼皮表层,消费者只需在手机上输入黑色编码,就能显示乌鳢产地、养殖户等信息,还可以查看到同批产品药物残留检测报告。鲜活乌鳢充氧包装袋上均贴有食用农产品合格证,使用手机扫一扫合格证上的二维码,就能显示出该批样品的信息和检测结果,比如快速检测项目孔雀石绿、硝基呋喃代谢物和氯霉素,结果未检出,判定为合格(图3-4)。这些举措有效提升了禹越乌鳢产品品质和"黑里俏"品牌形象,促进了乌鳢产业健康可持续发展。

图3-3 带"芯片"标记的乌鳢

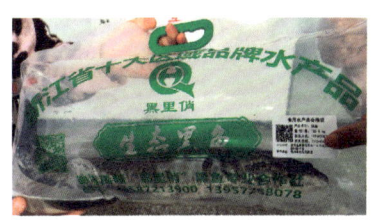

图3-4 带"合格证"的鲜活乌鳢充氧独立包装

【营养价值】

乌鳢营养丰富,含有蛋白质、微量元素和维生素,是食用价值较高的淡水鱼品种。每100克乌鳢肌肉含有水分74.0克、蛋白质16.5克、脂肪1.30克、灰分3.80克。此外，乌鳢肌肉中的矿物质元素含量分别为镁33.0毫克/100克、铁0.70毫克/100克、铜0.05毫克/100克、锌0.80毫克/100克、磷232毫克/100克、钙152毫克/100克。乌鳢肌肉含有17种氨基酸，其中必需氨基酸7种，条件必需氨基酸2种，非必需氨基酸8种，必需氨基酸占总氨基酸含量的比例超过40%，属于优质蛋白质。

> 根据FAO/WHO（联合国粮农组织/世界卫生组织）的氨基酸评分模式，蛋白质中必需氨基酸（赖氨酸、蛋氨基酸、色氨酸、苏氨酸、异亮氨酸、亮氨酸、苯丙氨酸、缬氨酸）含量推荐标准值为2250毫克/克氮。衡量其是否是优质蛋白质，要看其必需氨基酸占总氨基酸含量的比例是否在40%以上，必需氨基酸与非必需氨基酸的比值是否在0.60以上。

研究人员对比生态净养和传统池塘养殖两组乌鳢肌肉中的营养成分，并通过营养物质和风味物质测定、感官评价来比较其品质和营养价值。结果显示，生态净养组的肥满度优于传统池塘养殖组；铁、铜、锌、磷等矿物质元素含量均高于传统池塘养殖组；两组均检测出17种氨基酸，但生态净养组的必需氨基酸和呈味氨基酸含量普遍高于传统池塘养殖组；口感方面，生态净养组的肉质更加紧实，弹性更大，口感更佳；风味方面，生态净养组的土腥味和鱼腥味较少，呈味氨基酸含量较高，味道更加鲜美，营养更加丰富。

【养生食疗】

乌鳢在东南亚及我国一向被视作佳肴兼补品，故而身价不凡。《本草纲目》中记载，乌鳢肉、肝、肠、胆均可入药，鱼肉主治五痔、湿痹、面目水肿等。乌鳢有散瘀活血、收肌生津、祛寒调养等功效，适用于身体虚弱、脾胃气虚、营养不良、贫血之人食用。

在民间，病人术后和产妇坐月子期间有食用乌鳢汤的习俗。乌鳢汤作为一种辅助食疗菜肴，有滋补调养、促进伤口愈合的功效。复方乌鳢口服液就是以乌鳢为主要原料的中成药，有益气补血、收敛生肌的功效，用于促进创伤、外科手术、产妇分娩后的伤口愈合，并且对创伤后头面虚肿、心悸气短、神疲自汗等有治疗效果。

【美味佳肴】

乌鳢肉质鲜嫩，味道鲜美，营养丰富，特别适合滋补调养，是老少皆宜的水产品。乌鳢肉质丰厚，肌间无刺，特别适合制作鱼片，是烹饪的上好材料。

菜名 酸菜鱼（图3-5）。

原料 乌鳢、酸菜、蛋清、淀粉、干辣椒、花椒、葱、姜、蒜等。

做法 将乌鳢洗净，鱼头、鱼骨切段。将鱼肉切成鱼片后加入适量白胡椒粉、盐、蛋清、淀粉腌制。在锅里放入油、葱、姜、蒜后炒香，再放入鱼头、鱼骨等翻炒1分钟。放入切好的酸菜，加开水，中火烧20分钟。加入鱼片，烧开后倒入碗中。将锅清洗干净，倒入少许油烧至七成热，放入花椒和干辣椒，爆香后倒在煮好的酸菜鱼上即可。

图3-5　酸菜鱼

菜名　番茄黑鱼片（图3-6）。

原料　乌鳢、番茄、淀粉、葱、蒜、干辣椒等。

做法　将乌鳢洗净，鱼头、鱼骨切段。将鱼肉切成鱼片后加入适量盐、料酒抓匀。将番茄去皮，切成小块备用。起油锅，放入姜片、鱼头和鱼骨，翻炒至变色后盛出。起油锅，放入番茄，加入少许盐，炒至番茄出汁，再放入鱼头、鱼骨翻炒几下，加水至没过鱼头、鱼骨，大火烧开。加入鱼片，烧至鱼片完全变色后起锅。装盘后加入葱花和白胡椒粉即可。

图3-6　番茄黑鱼片

菜名　黑鱼豆腐汤（图3-7）。

原料　乌鳢、豆腐、姜、葱、蒜等。

做法　将乌鳢洗净，切段。将锅烧热后倒入油，放入鱼块煎至金黄。鱼煎好后，加入开水，放入葱、姜、蒜和料酒。水烧开后，转中小火炖30分钟至汤色奶白。将豆腐切块，放入开水中焯一下去除涩味，再将豆腐放入黑鱼汤中，继续炖10分钟，加入盐、葱花即可。

图3-7　黑鱼豆腐汤

菜名　红烧黑鱼（图3-8）。

原料　乌鳢、辣椒、葱、姜、蒜等。

做法　将乌鳢洗净，切段。将锅烧热后倒入油，放入蒜头、姜片炒出香味，再放入黑鱼翻炒至鱼块变色。依次加入料酒、生抽、糖、辣椒、热水（水没过鱼块的2/3），盖上锅盖，中火煮10分钟，放入葱段后稍过片刻，收汁即可。

图3-8　红烧黑鱼

四 鱼米之乡鱼肥鲜——王江泾青鱼

【产地环境】

嘉兴市王江泾镇地处杭嘉湖平原腹心地带，京杭大运河穿镇而过，靠近上海、杭州和苏州。王江泾一带为长江水系，地理条件优越，淡水养殖历史悠久，素有"鱼米之乡"的美称。该地区水域资源丰富，水体特别适合青鱼生长，发展养殖条件得天独厚。

一是独特的气候条件。王江泾地处北亚热带南缘，靠近东海，属我国东南沿海亚热带季风区，年平均气温15.9℃，年平均相对湿度82%。冬夏季风交替，四季分明，常年气候温和，日照充足，雨水丰沛。年平均降雨量1108.2毫米，全年有3个明显的降水时段，即4—5月的春雨、6—7月的梅雨和9月的秋雨。夏季湿热多雨的天气比冬季干冷的天气少得多。总体上，王江泾气候资源丰富，光、热、水配合良好，具有春夏"雨热同步"和秋冬"光温互补"的显著特点，特别有利于青鱼等温水性鱼类的生长和繁殖。

二是独特的水质条件。青鱼的生长环境要求水质清新，并有一定的肥度。王江泾一带水域以大荡为主，分布在广阔的田野和村庄之间，经雨水冲刷，给外荡水体带来了大量的有机物和无机营养盐类。水体pH呈微碱性，钙、镁离子较丰富，硬度较适中，水温稳定

四 鱼米之乡鱼肥鲜——王江泾青鱼

在15℃的时间长达220多天,极其有利于水生生物的生长和繁殖。养殖用水经过滤和生物制剂处理,无污染,完全符合青鱼养殖环境的要求。

三是独特的底质条件。王江泾属冲积平原,水底底质为青紫泥黏土。该类土壤保水保肥性好,有机质丰富,富含铁、锰等矿物质元素,阳离子代换能力较强,为青鱼喜食的螺、蚬、蚌提供大量的营养元素,使该地区具备丰富的青鱼天然饵料。

四是独特的池塘条件。王江泾养殖青鱼的池塘均是由原先的大荡围垦而成,包括原盛产青口蚬的梅家荡以及陶家荡、和尚荡等商品鱼基地(图4-1)。池塘水位深,一般为3～4米,面积大,平均一口池塘10～15亩,基本维持了青鱼的原始生长环境,以保证王江泾青鱼的自然品质。

青鱼(*Mylopharyngodon piceus*),亦称黑鲩、螺蛳青,属硬骨鱼纲、鲤科。青鱼体形较大,是长江流域特有的鱼类,为四大家鱼之首。生活在水体的底层,以软体动物为主食,也常摄食虾及水生昆虫,是肉食性鱼类。青鱼具有河湖洄游习性,每年4—6月,青鱼在长江急流中产卵,生殖后又回到各支流湖泊中生活,冬季在深水

图4-1 青鱼养殖基地

中越冬。

王江泾青鱼体形呈长筒流线形，青背白肚，体表有光泽，鳞片完整，肌肉紧实有弹性，尾部划动有力，刺大而少，是淡水鱼中的上品（图4-2）。王江泾青鱼的主要特征有：个体规格大，商品鱼尾重4千克以上；体形瘦长，呈长筒流线形，体长60厘米以上；体色光亮，青灰色，背部尤深，腹面灰白色，制品腹面微黄；肉质结实，白里透红，细嫩鲜美，脂肪含量少，制品鲜香浓郁。

图4-2　王江泾青鱼

【养殖历史】

王江泾青鱼养殖历史悠久，因其地理、气候条件独特且优越，盛产螺、蚬，非常符合青鱼的生活习性，一直有青鱼养殖加工的传统。旧时，渔民多利用天然河流湖泊，建造拦鱼竹簖，放养鱼种，繁育成鱼，俗称"外荡养鱼"。嘉兴市马家浜文化遗址发掘出大量网坠、鱼骨，其中就有青鱼的骨片，这说明该地区早在7000多年前的新石器时代就有渔猎青鱼。《嘉兴市水产志》中记载，淡水养鱼（主养鲤鱼）有文字记载始于战国，盛于汉代，但到了唐代，因唐王姓李，"李""鲤"同音，"李"成了皇室的象征，朝廷便禁止卖鲤和食鲤，使养鲤业受到了重创，人们只好寻找新的养殖品种，这反过来促进了青鱼、草鱼、鲢鱼、鳙鱼养殖的发展，后来这四种鱼被称为"四大家鱼"，并闻名于世。1911年，《渔家漾碑记》中提到的"吾邑闻川，古泽渔家漾，即今王江泾东三里许，自古江南宝地，水网密布……舟人云集，渔人皆以王江泾青鱼牲畜祭祀，今府令护湖禁渔，居人皆迁新市弃渔习织，为补邑乘之遗尔，立碑记志"，描述的正是当时王江泾青鱼养殖的盛况。

王江泾境内对鱼产品的深加工古已有之，腌鱼干的历史记载早于南宋。800多年前，南宋诗人陆游曾沿京杭大运河路过闻川（今王江泾），亲眼见到售卖的腌制鱼产品，后来他在《入蜀记》中写道："过合路（今王江泾镇田乐史家村史家路），居人繁伙，卖鲊者尤众。"这种名为"鲊"的鱼产品，其实就是当地渔民自行腌制的鱼干。《中国实业志》物产篇中记载，中华人民共和国成立前，嘉兴市郊（今秀洲区）就大量养殖青鱼，主要集中于桃墩、鱼池汇，并形成从江、湖捞苗，河浜扒螺、蚬，池塘养殖，再运往沪、宁一带销售的一种链状产业。

王江泾镇是浙江省的淡水渔业重镇，青鱼是王江泾镇的农业特色品种。区域内已陆续建起国家级四大家鱼原种场、省级青鱼良种场、国家级青鱼标准化养殖示范区、浙北水产品交易市场等，初步形成以青鱼原种保护、良种繁育、标准化养殖、产业化加工和营销为核心的青鱼全产业链。2017年以来，王江泾镇每年举办"青鱼王评比"和"渔文化节"等活动，立足青鱼产业、美丽乡村和文化旅游等一体化发展，力促产村、农旅、文旅融合发展，深挖王江泾镇深厚历史和湿地文化，打造王江泾镇"渔文化节"知名品牌和具有影响力的农民丰收节庆盛会。

青鱼产业已成为王江泾镇最具特色、最具竞争力、最有发展潜力、产业链完备的块状经济和产业集群。青鱼及其加工销售产业链已成为当地农民的主要经济收入来源之一，也是王江泾努力打造的农业精品特色工程。近年来，王江泾镇分别被授予浙江省"青鱼之乡"、水产养殖"特色优势产业强镇"和"中国青鱼之乡"等荣誉称号。2019年，王江泾渔业特色农业强镇成为省级特色农业强镇创建对象。

【养殖生产】

在王江泾青鱼的养殖全过程中，严把种质、池塘、饵料三个环节，应用无公害生态养殖技术，确保王江泾青鱼的独特品质。

（1）种是长江原种。王江泾青鱼种质为长江原种，生长快，抗病力强，体形端正。由浙江嘉兴长江四大家鱼原种场严格按照《青草鲢鳙鱼原种生产技术操作规程》培育，经多次国家权威部门检测，产品"莲泗荡"青鱼原种亲本符合国家标准。

（2）苗是良种苗。王江泾青鱼苗种为杂交一代鱼苗、鱼种，由浙江秀洲省级青鱼良种场利用国家级原种场生产的原种青鱼，经过强化培育，并严格按照《青草鲢鳙鱼良种生产技术操作规程》生产、培育，"莲泗荡"牌青鱼鱼苗、鱼种具有形态优美、色泽光亮、生长快、抗病能力强等特点。

（3）饵料是优质饵。为了保证王江泾青鱼的自然品质，在其养殖过程中十分注重饵料的选择和搭配，基本原则是：以鲜活饲料为主，适量搭喂颗粒饲料，饲料质量要求优质和无污染。鲜活饲料选用水质优良的太浦河产蚬子，颗粒饲料选择品牌颗粒饲料，鲜活饲料和颗粒饲料搭配使用。

（4）池塘是标准池。王江泾青鱼养殖的池塘都是由以前的大水面湖泊挖底泥堆积、改造而来的，水底底质为青紫泥黏土，有机质丰富，阳离子代换能力较强，并富含铁、锰沉积物，非常适合青鱼生长。池塘标准、科学，东西向略呈长方形，有利于采光，增加水体溶解氧含量；面积10～15亩，水深3～4米，非常有利于青鱼的生长，增加其活动量，保证青鱼的优良品质。

（5）技术是生态混养。王江泾青鱼一般采用三级异龄混养模式，即塘中同时放养一龄、二龄、三龄3种不同规格青鱼鱼种；合理搭养鲢、鳙、鲫、草、鳊等鱼种。每年定期捕大留小，确保上市规格。青鱼养殖过程中严格按照DB33/T 496.2—2017《青鱼　第2部分：养殖技术规范》生产，应用健康生态养殖技术，通过对苗种、饲料、鱼药等一系列的控制，确保上市青鱼的品质。

【传统加工】

青鱼干是以鲜活优质王江泾青鱼为原料，添加了食用调味品、天然香料等配料，采用传统工艺和现代加工技术相结合的方法精心加工而成（图4-3）。王江泾青鱼干的加工流程如下：

图4-3　青鱼干晾晒

（1）捕捞：王江泾青鱼捕捞宜在11月气温明显下降后，待青鱼停食，到深水中做好了过冬的准备时开捕，此时的青鱼肉质比较紧凑，腌制出来的青鱼口感好，味道香。

（2）暂养：王江泾青鱼起捕后，放到清水网箱中暂养1天。通过暂养使青鱼排出肠中的粪便和身上的黏液，同时通过剧烈运动，使青鱼的肌肉更加紧凑，品质更好。

（3）剖片：采用"开背剖首"方法，即沿鱼的尾部、背部、头部、嘴巴剖开，使鱼体可以平铺、摊开。

（4）去内脏：首先，去肚。要确保鱼胆不破，因青鱼胆有一定的毒性，且味很苦，若鱼胆破裂，则不能使用。其次，去鳃。再次，去左、右牙板，以减少腥味。最后，去黑膜，并用干净的钢丝球擦净，若不去掉，会直接影响其品质。

（5）擦洗：内脏去净后应用干毛巾擦净鱼体，严禁用水洗。

（6）晾干：擦洗后的青鱼在空气中至少晾2~3小时，待青鱼中的水分蒸发一部分后方可腌制，以利于调味料迅速、均匀地进入鱼的肌肉中。

（7）腌制：首先，按照腌制量以一定的比例配好相应的调味料，调味料选料讲究，绝不允许以次充好。其次，上料要均匀、有力。再次，堆放不能随便，要叠加有序，否则，很容易造成青鱼"破相"，影响品质。最后，要在青鱼上加载一定负荷的沙包等重物，保持青鱼呈条形。

（8）漂洗：根据温度腌制一定时间后，将青鱼拿出来在清水中漂洗，彻底洗净多余的调味料及杂质，并用干毛巾擦干。

（9）阴干：由于青鱼是肉食性鱼类，脂肪含量相对较高，清洗后必须将鱼干挂于阴凉处使其慢慢风干。忌在太阳底下暴晒，以免造成油脂外溢，鱼油氧化变黄，口味发酸。

（10）检验：阴干一定时间后，鱼干含水量应在8%～12%，菌落总数符合标准，无明显破相，且观感无异常。

（11）包装：鱼干采用真空袋装。包装时要防止鱼骨、鱼刺刺破真空包装袋，影响保质期。外盒采用纸盒包装。

（12）贮藏：将包装好的鱼干放入冷库保存，贮藏温度保持在-18℃，保质期3个月。

冷冻调制青鱼是以王江泾青鱼为原料，采用现代食品高新技术与传统工艺方法相结合，经科学配方精心调制，低温下去湿、烘干、精制而成。该产品是王江泾针对当前市场需求现状开发出的一种便携式菜品，其加工工艺流程如下：

（1）原料鱼：采用王江泾青鱼，加工前暂养1天，使鱼排净粪便和黏液。

（2）去鳞：手工将鳞片去除干净。

（3）剖片：同青鱼干剖片方法。

（4）清洗：洗去内脏、鱼鳃、肚内黑膜等。

（5）脱脂、去腥：采用特殊制剂浸泡脱脂，用姜片、黄酒去腥，处理过程中适时进行人工搅拌，确保脱脂均匀、充分。

（6）漂洗：用自来水冲洗，彻底去除处理过程中的杂质及腥味。

（7）调味：用食盐等调味料浸泡，禁止添加防腐剂。

（8）低温去湿：采用干燥空气去湿，最终制品水分控制在60%左右。

（9）包装：整条或去头去尾切块真空包装。

（10）速冻：冷库温度控制在-35℃以下，速冻至制品中心温度达到-18℃。

（11）冻藏：在-18℃以下的环境下冻藏，保质期6个月。

【营养价值】

王江泾青鱼蒸煮后肉质坚实，食用无泥腥味，香鲜可口。养殖环境独特的地理优势和气候优势，造就了王江泾青鱼独特的自然品质。经检测，王江泾青鱼肌肉中的蛋白质含量为19.5克/100克，必需氨基酸含量在2674毫克/克氮左右，必需氨基酸占总氨基酸含量的比例高达44.6%，符合FAO/WHO规定的理想模式，说明其含有的氨基酸均衡性好，易于消化吸收。

> FAO/WHO提出的"氨基酸理想模式",是指蛋白质中各种必需氨基酸的构成比符合最佳人体需要。其计算方法为:将某种食物蛋白质中的色氨酸含量设定为1,分别计算出其他必需氨基酸的相应比值,与人体越接近,必需氨基酸的利用程度就越高,该食物蛋白质的营养价值也就越高。

青鱼富含多种人体必需的矿物质元素,主要包括钙、磷、钾、钠、镁、铁、锌、硒、碘等。青鱼含有镁32.0毫克/100克,其镁含量是普通羊肉、猪肉、鸡肉、牛肉的1.2~6倍。镁是人体不可缺少的元素。当人体内的镁不足时,可以通过吃鱼肉来补充镁。此外,青鱼还含有多不饱和脂肪酸等营养物质。

【养生食疗】

青鱼既是人们制作菜肴的佳品,亦是具有食疗功效的食物。清代王士雄所著的《随息居饮食谱》中记载:"青鱼,甘平。补气,养胃,除烦满,化湿,祛风,治脚气、脚弱。"《食疗本草》中提到青鱼"疗卒心痛,平水气"。青鱼胆有一定的药用价值。青鱼熟食有滋补阴血的作用。青鱼可作为产后、久病肝肾亏虚、阴血不足、视物模糊、脚软无力之人的营养补充食材。

【美味佳肴】

菜名 油爆青鱼片。

原料 青鱼、面粉、姜等。

做法 将青鱼去鳞、肚、鳃、头,洗净,切成厚片。放入盐、糖、料酒、胡椒粉、姜末,再放入适量面粉,搅拌均匀后放入七分热油中,中火炸至两面金黄,捞出控油即可。

菜名 红烧青鱼段(图4-4)。

原料 青鱼块、剁椒、葱、姜等。

做法 将锅置于旺火上烧热,加入少量油,油热后放入青鱼块。加入葱段、姜末、酱油、料酒、糖,再加入一勺沸水,放入少许剁椒,转小火将鱼烧熟,转旺火收汁,撒上葱段,加入味精即可。

图4-4 红烧青鱼段

菜名 蒜香剁椒青鱼(图4-5)。

原料 青鱼段、葱、姜、蒜、剁椒等。

做法 将青鱼段处理干净,洗净后划上刀口,加入盐和料

图4-5 蒜香剁椒青鱼

酒腌20分钟。锅中水烧开后，放入青鱼段蒸3分钟，将蒸鱼的水倒掉，然后放入姜片、剁椒、蒜末。再蒸10分钟，出锅后将水倒掉，加入蒸鱼豉油，撒上葱花，然后浇上热油即可。

菜名 清蒸青鱼干（图4-6）。

原料 青鱼干、姜、花雕酒等。

做法 将腌制好的青鱼干洗净切块，加入少许生姜片、味精和花雕酒等，加入白糖调和。将青鱼干放入蒸箱，蒸上10~15分钟即可。

图4-6 清蒸青鱼干

菜名 青鱼党参汤。

原料 青鱼、党参、姜片等。

做法 将青鱼洗净切块，油热后放入姜、鱼块煎炒。加入水烧至沸腾，再加入洗净的党参段，小火慢炖，至汤汁浓白、药香浓郁即可。

五 稻谷丰收田鱼肥——青田田鱼

【产地环境】

丽水市青田县地处浙江东南部山区,位于瓯江中下游,东接温州,南连瑞安、文成,西临丽水、景宁,北靠缙云,有"九山半水半分田"之称。青田县属亚热带季风区,气候温和,雨水丰沛,四季分明,年平均气温18.4℃。

青田稻田养鱼的传统与其独特的地理环境有关。青田县地形复杂,山多地少,自古以来,耕地稀缺的环境压力让青田先民不得不想尽办法利用好每一寸田地,在珍贵的"半分田"中大做文章。青田先民在种植水稻的同时养殖鲤鱼,培育了极具地方特色的鱼种——青田田鱼,创造了稻鱼共生技术,并诞生了独特的稻鱼文化(图5-1)。

图5-1 稻鱼共生环境

田鱼,属淡水鲤科,其味道鲜美,肉质细嫩,鳞片柔软可食,是浙南一带稻田养鱼的主要品种。

五 稻谷丰收田鱼肥——青田田鱼

青田田鱼体态优美,色彩斑斓,有红、青、粉、杂斑等多种颜色,绚如彩虹(图5-2)。

图5-2 青田田鱼

在我国,鲤鱼寓意吉祥,鲤鱼跳龙门的传说家喻户晓。2005年,浙江青田稻鱼共生系统被联合国粮农组织列为首批全球重要农业文化遗产保护试点项目,成为我国第一个世界农业文化遗产。2013年,青田田鱼获批国家地理标志证明商标。2018年,青田县被评为"中国田鱼之乡"。

【养殖历史】

青田稻田养鱼历史悠久,文化底蕴深厚,至今已有1300多年历史。明洪武年间的《青田县志》中记载"田鱼有红、黑、驳数色，于稻田及圩池中养之"，是有关青田稻田养鱼的最早文字记录。他们用溪水灌溉稻田，溪水中的鲤鱼在稻田中自然生长，经过反复的试养和驯化，从鲤鱼中选出一种适宜稻田饲养的"田鱼"，形成了天然的稻鱼共生系统。从此，稻田养鱼就在这片浙南山区扩展开来，养育了一代代的青田人。

【养殖模式】

稻鱼共生系统是一种典型的生态农业生产方式，水稻和鱼类共生，通过内部自然生态协调机制，实现系统功能的完善（图5-3）。

图5-3 青田县稻鱼共生模式

水稻为鱼类遮蔽阳光,并提供氧气和有机食物,鱼类能耕田除草、松土增肥、吞食害虫。稻鱼共生系统既可使水稻丰产,又能充分利用稻田养分,促进了稻田生态系统的物质循环与能量流动,提高了生产效益,减少了化肥农药的使用,保护了农田生态环境,具有明显的经济、生态和社会效益。据相关资料统计,稻鱼共生与单纯种植水稻相比,每亩水稻一般增产5%~8%,单位面积化肥、农药使用量减少50%以上。

20世纪末开始,丽水市和青田县两级政府高度重视稻鱼共生产业发展和文化挖掘工作,出台了多项产业扶持政策,同时实施全方位技术推广,有效推进稻田养鱼快速发展。青田县的稻田养鱼已经从传统稻田养鱼逐步转变为以"稳粮增收"为主的绿色生态稻渔综合种养。

2019年,青田县全县稻鱼共生面积达5万亩,水稻年平均亩产450千克,田鱼年平均亩产35千克,年平均亩产值4430元,总产值2.2亿元。青田县稻鱼共生模式是浙江省新农作制度50个案例之一,青田田鱼作为山区稻田养鱼优良品种被推广到贵州、广西、宁夏、湖北等地。

【营养风味】

田鱼是鲤鱼的变种。鲤鱼肉质脆嫩,味道鲜美,是人们日常喜爱食用的水产品。由于稻鱼共生系统的独特性,稻田鲤鱼品质更佳,具有较高的营养价值。每100克田鱼肌肉含有蛋白质16.0克、脂肪1.66克。其矿物质元素含量分别为镁33.0毫克/100克、铁1.00毫克/100克、铜0.06毫克/100克、锌2.08毫克/100克。此外，田鱼还含有15种氨基酸。

稻田养鱼的放养密度比较低，且水稻改善了水体环境，因此，水质较好，田鱼口感清新，土腥味较小。田鱼在一丛丛水稻间穿梭，提高了鱼的活动频率，增大了鱼的活动范围，常年运动的田鱼，肉质更加鲜嫩有弹性。同时，稻田中水体的含氧量明显高于其他淡水水体，可有效提高鱼类的成活率，田鱼养殖基本不用药，食用田鱼也更加安全。

【传统加工】

青田田鱼干（图5-4）制作工艺历史悠久，制作工序相对复杂。先将田鱼剖肚、抹盐，再放在锅中，下面垫上稻草，控慢火加以熏蒸之后，放到竹笼上，用炭火、糠烟将其熏干后再进行晾晒。经过宰杀、盐制、干燥、配料、熏制等一道道严密而细致的工序制作出来的田鱼干，形、色、味俱全，熏干后色如琥珀，味有奇香，实为佳品。随着青田乡村旅游的迅速发展，农特产品也广受周边

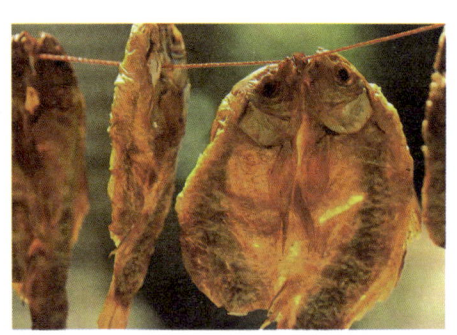

图5-4　青田田鱼干

五　稻谷丰收田鱼肥——青田田鱼

游客的喜爱，青田田鱼干就是其中之一。每年田鱼丰收之际，就有大量的游客慕名而来，青田田鱼干几乎每年都供不应求，已成为游客必买的伴手礼之一。

【美味佳肴】

青田人将田鱼的吃文化发挥得淋漓尽致。鲜田鱼剖腹去脏后，勿去鳞，肉嫩味美，鳞软可食。常见的烹饪方法有红烧、糖醋、清蒸等，经烹饪后的田鱼味鲜、性和、肉细、鳞软。

菜名　田鱼干炒粉干。

田鱼干和粉干都是青田特色美食，两者结合更是滋味无穷，是农家待客的上佳菜肴。田鱼干皮脆、肉松、骨酥、浓香扑鼻，与粉干炒出来的稻米香味相互交融，把炒粉干这道食品讲究的"香"与"松"的特点充分表现出来，可谓是相得益彰。田鱼干炒粉干连荤带素，可当主食，也可当配菜，极具地方风味。

菜名　糖醋田鲤鱼（图5-5）。

糖醋田鲤鱼色泽金黄，外焦里嫩，香甜酸醇。鲤鱼不仅肥嫩鲜美，而且金鳞赤尾，形态可爱，是宴会上的佳肴。

图5-5　糖醋田鲤鱼

图5-6 红烧田鲤鱼

菜名 红烧田鲤鱼（图5-6）。

红烧田鲤鱼的烹饪手法以红烧为主，口味属于咸鲜，呈黄色，鱼肉嫩滑，汁浓味美，是喝酒下饭的神器。

菜名 酥炸田鱼干（图5-7）。

酥炸田鱼干寓意吉祥，松脆可口，鱼香浓郁，是餐桌上不错的下酒菜。

图5-7 酥炸田鱼干

六 古泉清流鱼味鲜——开化清水鱼

【产地环境】

衢州市开化县地处浙江西部，位于钱塘江源头，属亚热带季风气候，温暖湿润，雨水丰沛，四季分明，年平均气温16.6℃，年平均降水量1830.8毫米，年平均日照1633.5小时。开化县域内空间上大致为南高北低，中间有常山港、池淮港和马金溪三条水系，河床比降大，洪枯水位变化明显，含沙量少，均属于山溪型河流，具有山水相间的地形特点。开化县是国家级生态县，拥有大片原始森林，生物资源丰富，植被覆盖率高，空气质量常年为优，水体质量居全国前10位，被誉为"华东绿肺"和"中国天然氧吧"。

开化县水资源丰富，河流总长度3522.7千米，径流总量27.2亿立方米，地表水常年保持在Ⅱ类以上。这种常年流水、矿物质含量丰富、含氧量高的流水生长环境为开化清水鱼养殖提供了得天独厚的自然条件，尤以开化何田乡的清水鱼最为出名。当地人家家户户都挖塘开渠，引入山泉清水养鱼，喂食青草、菜叶，此法养出的鱼是典型的"冷水鱼"，生长缓慢，一年最多长0.5千克，养2年以上的才有点吃头（图6-1）。当地有句口头禅："山坞里，没好菜，抓条活鱼把客待。"清水鱼因其生长环境优良，具有别样的鲜美

图6-1　开化清水鱼养殖基地

味道。

开化清水鱼品种以草鱼为主,鱼体形修长,体色溜黑,腹部亮白,颇有特色(图6-2)。草鱼(*Ctenopharyngodon idellus*)属鲤形目、鲤科、雅罗鱼亚科、草鱼属,亦称鲩、鲩鱼、草鲩等。草鱼一

图6-2　草鱼

般喜居于水的中下层和近岸多水草区域,为典型的草食性鱼类。草鱼饲料来源广,为中国淡水养殖四大家鱼之一。

2020年9月,开化清水鱼被认定为国家农产品地理标志产品,其保护范围为东经118°01′15″～118°37′50″,北纬28°54′30″～29°29′59″。2020年,全县清水鱼养殖面积

150公顷，年产量2000余吨，年产值1.8亿元，占全县农林牧渔业总产值的20%，成为当地农业的支柱产业之一。

【养殖历史】

开化清水鱼起源于北宋咸平年间（998—1003年），至今已有1000多年历史。相传开化清水鱼是由唐代寺庙的放生池衍变而来，寺庙中放生池引山泉流水，穿塘而过，鱼在此中悠然自得。开化县何田乡《汪氏宗谱》中有北宋汪氏始祖开塘养鱼的最早文字记载。至今在长虹、何田等地还有称开化清水鱼为塘鱼。当地百姓遂仿照放生池形式挖建鱼塘，之后历经千百年演变，形成了独具特色的山区山泉流水养鱼系统，成就了品质独特的"开化清水鱼"。

1988年版《开化县志》中记载："明末清初，本县就有人在河边、田边、路边、山坑边、房屋内挖土砌石成池，引用溪水、山坑水或泉水养鱼。鱼池面积7~20平方米，水深0.3~1米，设有进、出水口，但产量不高，数量也极少。"可见，明清时期山泉流水养鱼在开化境内已粗具规模。何田乡陆联村完整地保存着古人进行山泉流水养鱼的重要遗址——"高源一号"百年古宅（图6-3）。

图6-3 "高源一号"百年古宅

先人们将天井改造成清水鱼塘,溪流穿塘而过,鱼在塘中,塘在屋内,养鱼成了生活的一部分。古朴的徽派建筑,悠远的流水鱼塘,呈现出独具特色的开化山居渔民的劳作方式。随着这一生产模式的盛行,当地还逐步形成了过节吃鱼、中秋送鱼等民俗活动,清水鱼也成为招待贵客、馈赠亲朋、孝敬长辈的特产礼品。

20世纪60—70年代,开化山泉流水养鱼只是农民劳作之余的一种副业,集中在开化何田、长虹、中村等乡镇。1983年,浙江省水产局在开化县长虹乡老屋基村召开了浙江省山区坑塘流水养殖现场会,对开化清水鱼的恢复与发展起到了积极的推动作用。进入21世纪,随着"生态立县、特色兴县"战略的深入实施,以及人们对食品安全和质量的日益重视,开化山泉流水养鱼由农户零星养殖逐渐向规模化发展,"一口塘,一条鱼"成为山区农民增收致富的好途径。

近年来,开化清水鱼先后通过无公害、绿色、有机认证,走出开化深山,在长三角地区市场供不应求。2002年,浙江京鹏生态资源发展有限公司在何田乡建成以山泉流水养鱼为主的"清水鱼生态示范园",被评定为"省级休闲渔业示范基地"。当地逐步形成以"公司+基地+农户+合作社"模式带动周边农户清水鱼生产的快速发展。至此,开化清水鱼形成鱼养殖、加工、休闲旅游一二三产相融合的局面,呈现"量价齐升"。

六 古泉清流鱼味鲜——开化清水鱼

【养殖模式】

开化优质的水资源与和谐的生态系统赋予了山泉流水养鱼系统活态性、适应性、复合性、多功能性等突出特征，成就了优质清水鱼的诞生（图6-4，图6-5）。

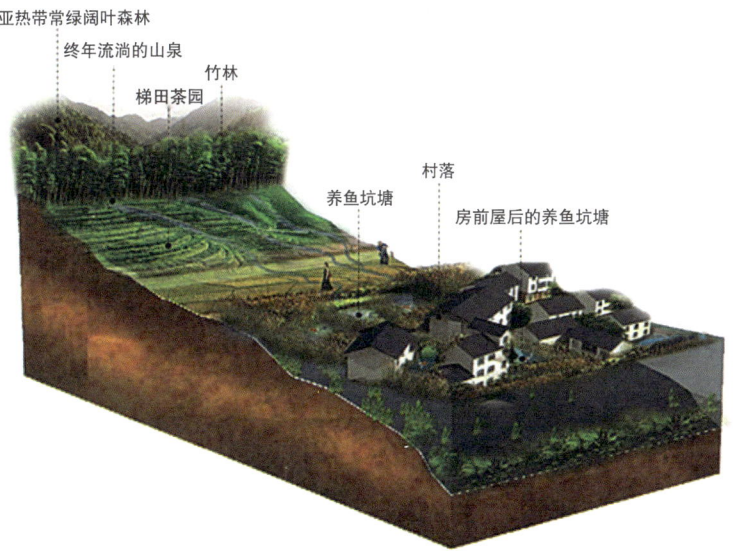

图6-4 开化清水鱼生态有机环境系统

清水鱼养殖坑或塘选择在山区自然山泉或溪流附近，面积10～100平方米，水深0.8～1.5米。水源为自然山泉或溪流水，

图6-5 开化清水鱼生态养殖

且常年充足，水质pH在7.1左右，生化需氧量≤0.2毫克/升，溶解氧≥9.0毫克/升。水质优于Ⅱ类地表水标准，各项质量指标符合或优于NY 5051—2001《无公害食品 淡水养殖用水水质》的规定。

品种选自本地体表光滑、鳞片完整、无病无伤、活动力强的草鱼鱼种。草鱼鱼种规格为100～500克/尾，放养密度为每平方米5～15尾，质量必须符合GB/T 11776—2006《草鱼鱼苗、鱼种》的规定，坑、池中同时可搭配少量鲤鱼、鳊鱼、鲫鱼等品种养殖，但搭配比例不超过10%。

喂养饲料以新鲜、适口的青饲料为主，遵循"四定"投饲的原则。水量调节要求每天塘水交换2次以上，及时清除进、排水口杂物，保持流水畅通，经常清除塘内鱼粪及残饵，保持水质清新。每天早晚巡塘1次，观察水质、水温变化、流水量和鱼的活动情况，闷热天、雨天加强夜间巡塘。

养殖时间在1年以上，规格达到0.9～1.3千克/尾时可起捕。小型坑塘用捞网起捕，较大面积的坑塘或池塘用拉网或放水起捕。暂养和运输用水应符合NY 5051—2001《无公害食品 淡水养殖用水水质》的规定，保活运输需供氧。

【营养风味】

清代《随息居饮食谱》中记载，草鱼食性甘温，具有暖胃、平肝、祛风、温中补虚等养生功能，对治疗出血、疮、痈肿等疾病也有辅助治疗作用。草鱼肌肉中含有丰富的不饱和脂肪酸，有助于血液循环。草鱼含有丰富的胶原蛋白、钙、卵磷脂、多糖,草鱼肉嫩而不腻,十分开胃,适合身体瘦弱、血虚头晕、气短乏力、食欲不振、营养不良的人食用。

俗话说"春鱼秋蟹",经过一个冬天的休养生息,每年开春,开化清水鱼最肥美鲜嫩的季节就到了,这个时节烹制出来的开化清水鱼,肉质细腻,口感鲜美。清水鱼外观体形修长,背部溜黑,腹部亮白,无泥腥味,肌肉紧密结实而富有弹性;鱼头滑爽适口,鱼肉细嫩,味道鲜美,营养丰富,带有瓜果蔬菜香味。

每100克清水鱼肌肉含有蛋白质18.0克、脂肪1.20克,属于高蛋白、低脂肪的健康食品。草鱼的必需氨基酸含量为3040毫克/克氮,高于鸡蛋(2959毫克/克氮);必需氨基酸组成相对平衡,符合FAO/WHO规定的理想模式,且含量丰富,呈味氨基酸占总氨基酸含量的38.34%,是一种优质动物蛋白,且味道鲜美。

> 动物蛋白的口感在一定程度上取决于其呈味氨基酸的含量,主要包括甘氨酸、谷氨酸、天冬氨酸和丙氨酸,其中的谷氨酸、天冬氨酸等也是脑组织生化代谢中的重要氨基酸,参与多种生理功能性物质的合成。

【加工产品】

草鱼的深加工依托现在的冷链运输技术,改良传统食品加工工艺,开发新型产品将草鱼的每个部分运用恰当,实现区域产品全国流通,扩大市场增加收益。常见加工产品有鱼糕、熏鱼和鱼丸。

鱼糕。"食鱼不见鱼,吃鱼不见刺"的鱼糕是将鱼肉漂洗打浆,加入配料调味,蒸熟后切块制成。运用现代的加工包装技术及冷链运输条件,鱼糕已不再局限于厨房,而是走进了超市,走出了互联网销售之路,成为日常饮食中的一道美食。

熏鱼。熏制一直是传统加工保存水产品的手段,将草鱼通过腌制、油炸等多道工艺处理,制成独具风味的熏鱼。熏鱼作为江浙一带过年必备的食品,有利湿、暖胃、平肝、祛风等功效。

鱼丸(图6-6)。鱼糜制品是将鱼肉绞碎后经配料、擂溃,成为稠而富有黏性的鱼肉浆,再做成一定形状后进行水煮、油炸、焙烤烘干等加热或干燥处理而制成的。草鱼鱼丸口感柔嫩有弹性,造型雅致,营养丰富,运用低温冷链技术实现了商品远距离销售。

图6-6 鱼丸

六 古泉清流鱼味鲜——开化清水鱼

【美味佳肴】

开化人有春节、中秋吃清水鱼的习俗。清水鱼常见的烹饪方法有红烧、炖汤、清蒸等，经烹饪后的清水鱼味鲜、性和、肉紧、清香四溢，是开化特色美食，是农家待客的上佳菜肴。

菜名　清水鱼浓汤（图6-7）。

原料　草鱼、萝卜、蘑菇、火腿、葱、姜等。

做法　将鱼宰杀、洗净，在鱼肚里塞入姜片和葱结，浇上料酒，腌制20分钟后，沥干。大火烧至油热，放入鱼，煎20秒至两面金黄，再加入新鲜萝卜丝、蘑菇和火腿肉，以增加鲜甜味。缓慢倒入开水，水没过鱼，加入姜片、葱结和料酒，保持大火煮15分钟。加入少量开水，直至汤色奶白，转小火慢炖5分钟，关火时加入少许盐即可。

图6-7　清水鱼浓汤

菜名　辣椒炖清水鱼。

原料　草鱼、青辣椒、葱、姜等。

做法　将鱼宰杀、洗净，用开水烫去血污和腥膻气味，再放入陶制器皿内。加入青辣椒、葱、姜、酒和水，加水量一般比原料多

（如1千克原料可加3~4升水），盖上锅盖，直接放在火上烹制。烹制时，先用旺火煮沸，撇去泡沫，再转微火炖至酥烂，一般约半小时。

当地人喜欢辣味，辣椒炖清水鱼口感酥嫩，鲜辣入味，是一道农家特色美味。

菜名 豆豉烧鱼（图6-8）。

原料 草鱼、生粉、青辣椒、姜、蒜、豆豉等。

做法 将鱼洗净，用料酒腌制片刻，在鱼身上抹一层生粉，然后放入热油中，两面煎几分钟后盛出。用剩下的油爆香姜、蒜和豆豉，放入适量糖、酱油翻炒，加水煮开后放入鱼，小火煮10分钟。将青辣椒倒入锅中，焖几分钟后放入香菜即可。

图6-8 豆豉烧鱼

菜名 西湖醋鱼（图6-9）。

浙江传统风味名菜——西湖醋鱼，又名叔嫂传珍，其原料也是草鱼。据传，在宋朝，叔嫂二人为兄、为夫报仇屡遭阻拦，体会到生活酸甜之味后创造出了这道菜。草鱼烧好后，浇上一层平滑油亮的糖醋，胸鳍竖起，鱼肉嫩美，带有蟹味，鲜嫩酸甜。

图6-9 西湖醋鱼

七 山海一城黄金鱼——大陈黄鱼

【产地环境】

声名远扬的大陈黄鱼（图7-1）来自台州市椒江区大陈岛。椒江区位于浙江中部沿海，渔业资源丰富，海洋经济发达。椒江区东南方向52千米的东海上，有一座富有传奇色彩的岛屿——大陈岛。"台州地阔海冥冥，云水长和岛屿青。"岛上森林覆盖率达56%，年平均气温16.7℃，具有典型的冬暖夏凉的亚热带海洋性季风气候环境。大陈岛是国家一级渔港、省级森林公园和省海钓基地，岛周海域是浙江省第二渔场，素有"东海明珠"的美称。鱼汛期，岛四周千帆云集，桅樯如林，入夜后，渔火万千，蔚为大观。

图7-1 大陈黄鱼

大陈野生黄鱼历史悠久，品质优良，在市场上一直享有盛名。"艰苦创业、奋发图强、无私奉献、开拓创新"的大陈岛垦荒精神，激励着一批批新时代渔业"垦荒人"，他们秉承着"务实、创新、绿色、兴渔"的理念,致力于大黄鱼养殖产业,将其打造成台州最宝贵的财富。

大黄鱼(*Larimichthys crocea*),属石首鱼科、黄鱼属,体形修长,侧扁,腹及胸鳍为鲜黄色。幼鱼主要摄食桡足类、糠虾、磷虾等浮游动物,成鱼主要摄食各种小型鱼类及甲壳动物(虾、蟹、虾蛄等)。鳔能发声,在生殖期会发出"咕咕"的声音,在鱼群密集时,声音则如水沸声或松涛声。当地渔民以此为辨认鱼群集合的信号,判断大黄鱼群的大小、栖息水层和位置,以利于捕捞。由于种种原因,每年捕捞到的野生黄鱼已非常稀少。

为拯救濒临绝种的大黄鱼,同时满足消费者的需求,1998年椒江区引进高科技养殖技术,开始在大陈海域利用深水网箱养殖黄鱼,逐渐发展为支柱性产业(图7-2)。大陈海域水质优良,盐度高,水流急,鲜活饵料丰富,养殖环境符合大黄鱼生长的自然原生态条件,因而该地出产的黄鱼具有肉质坚实、富有弹性、口感鲜美等优良品质,保持了野生黄鱼的特性,成为真正的原产地水产品。

图7-2 大陈岛养殖基地——鸡笼头

七 山海一城黄金鱼——大陈黄鱼

【养殖历史】

史料记载，阖闾十年（前505年），吴军率兵与入侵吴国的东夷在沙洲上相持一个月有余，双方均补给不足，吴王便焚香祈祷，请求上天保佑。就在这时，海面上突然出现一大片"金色"，景象十分壮观。吴王命人将其打捞起来烹食，而东夷人却一条也没捞到，于是投降。事后，吴王见此鱼脑中有"白石"，便称之为"石首鱼"，这就是我们现在所说的大黄鱼。

大黄鱼是极好的进补佳品，有健脾益胃、安神止痢、益气填精的功效。鱼肉有滋补强壮的功效；鱼鳔有润肺健脾、补气活血的功效；鱼石有清热祛瘀、通淋利尿的功效；鱼胆有清热解毒、平肝降脂的功效。

20世纪末，椒江区大力发展大黄鱼人工养殖，以做精做强大陈黄鱼养殖业为抓手，不断创新海洋渔业养殖模式，促进产业高质量发展，并通过产业融合，高效推动镇域经济发展。2020年，大陈黄鱼年产量达6292吨，年产值超5亿元，产量、产值均占全省的2/3以上。大陈海域已成为浙江省最大的大黄鱼养殖基地，其深海黄鱼养殖规模位于全国前列，辖区内全国名特优新农产品企业共3家。该区已将大陈黄鱼作为特色主导产品，开展中国农产品特色优势区申报工作，并成功入选浙江省"互联网＋"农产品出村进城工程试点县。

大陈黄鱼已获批国家地理标志证明商标，获评2017年最受消费者喜爱的中国农产品区域公共品牌和2018年浙江省优秀农产品区域公用品牌之最具历史价值十强品牌，椒江区也被授予"中国东海大黄鱼之都"称号（图7-3）。

图7-3 "中国东海大黄鱼之都"评审会

【养殖规模】

椒江区共有养殖企业13家，黄鱼养殖基地8处，大型铜围网养殖区5处，深水网箱710只（图7-4），最大的单个设施水体达20万立方米，大陈黄鱼年产量6292吨，年产值超5亿元，带动渔民年人均收入32882元以上。2018年11月，椒江区成功举办"中国第三届

图7-4 网箱养殖大黄鱼

大黄鱼产业文化节",文化节上所展示的养殖新装备的换代拓展、养殖新技术的推广应用,在全国黄鱼产业中首屈一指。

"百舸争流,奋楫者先",椒江区将依托水产品牌建设,"修内功,强筋骨",不断加快发展黄鱼产业的步伐。椒江区拟在大陈岛东南22千米处,打造深远海养殖平台,规划海域面积3000亩,搭建能抵御超强台风的升降平台,在拓展养殖空间的同时,利用水层温差彻底解决黄鱼过冬问题。同时,椒江区全力推动"省级大陈黄鱼特色强镇"建设,深耕上下游全产业链,策划精品渔业休闲游,力促一二三产融合发展,把餐桌上的鱼变成"大陈垦荒的文化鱼",变成"群众致富的黄金鱼"。

【营养风味】

大陈黄鱼味道鲜美,营养丰富,鱼肉中的蛋白质以及钙、磷、铁、锌、碘等元素的含量都很高。据检测,每100克肌肉含有水分69.7克、蛋白质18.6克、脂肪10.3克、灰分1.39克。大黄鱼是优质蛋白,含有16种氨基酸,其中必需氨基酸7种,条件必需氨基酸2种(精氨酸和组氨酸)。

"优质蛋白"指所含必需氨基酸种类齐全、数量充足、比例恰当,氨基酸模式与人类接近,且易于被人体消化、吸收的蛋白质,如蛋、奶、肉、鱼、大豆中的蛋白等。"半完全蛋白"指所含必需氨基酸种类齐全,但有的氨基酸数量不足、比例不恰当,可以维持生命,但不能促进生长发育的蛋白质,大多数植物蛋白都是半完全蛋白。"不完全蛋白"指所含必需氨基酸种类不全,既不能维持生命,也不能促进生长发育的蛋白质,如动物结缔组织中的胶原蛋白等。因此,为了身体健康,从营养均衡的角度出发,动物蛋白和植物蛋白可以混合食用,以提高营养价值。

大黄鱼中的脂肪酸含量远远高于普通的淡水鱼,其含有19种脂肪酸,其中5种为多不饱和脂肪酸。此外,大黄鱼还富含多糖、牛磺酸、维生素、多种矿物质元素。因此,大黄鱼是一种理想的优质营养食品。

研究表明,大黄鱼营养成分受生长季节、水域环境等条件的影响。一年中,大黄鱼肌肉中的氨基酸含量有显著性差异,必需氨基酸含量秋季最高。夏季临近产卵期,大黄鱼体内积蓄了很多脂肪和营养成分,身体肥硕而结实。夏季是大黄鱼的最佳食用季节,养殖大黄鱼达到理想的肥满度,产量高,其多不饱和脂肪酸含量较高,肉质肥美,外观光滑,口感细腻,此时的鱼肉吃起来最鲜美。

七　山海一城黄金鱼——大陈黄鱼

【美味佳肴】

大黄鱼是美味的海产品,可以蒸、煮食之,也可以油炸、油煎,味均鲜美。大黄鱼味甘性平,且鱼肉组织柔软,容易被人体消化吸收。此外,大黄鱼的鱼肉呈蒜瓣状,碎刺较少,老年人、小孩和久病体弱者都非常适合食用。

菜名　葱油大黄鱼（图7-5）。

原料　大黄鱼、葱、姜、青椒等。

做法　将鱼洗净后沥干水分,两面各斜切几刀,均匀抹上白酒和盐,

图7-5　葱油大黄鱼

静置15分钟。在鱼盘里加入葱和姜,待蒸锅水开后,上锅加盖蒸12分钟。加入青椒丝和姜丝,倒入调好的料汁（醋、生抽、蒜末、姜末）,在勺子里倒入油,烧至沸腾后,立即淋在鱼上,激出香味即可。

菜名　红烧大黄鱼（图7-6）。

原料　大黄鱼、葱、姜、蒜、红椒、香菜、淀粉等。

做法　将鱼去鳞、洗净,两面各斜切几刀,用盐、料酒腌制10分钟。用生姜擦一下锅壁,倒入油后烧至冒烟。在鱼表面抹一层薄薄的生粉,将鱼放入油锅中,每面煎1分钟左右再翻面,翻面

图7-6　红烧大黄鱼

次数不要太多，煎至两面金黄，出锅备用。锅洗净后倒入少量油，放入葱、姜、蒜炒香，再放入红椒圈翻炒几下，放入鱼，加适量高汤或水，倒入调好的料汁（料酒、生抽、老抽、少许醋、白糖），大火烧煮，汤若没有没过鱼，可用勺子不断浇淋。收汤过程中，可根据个人口味酌情放盐，再撒入少许小葱段。汤汁较少时关火盛出，撒上香菜即可。

菜名　醋椒大黄鱼（图7-7）。

原料　大黄鱼、胡椒粒、葱、姜、红椒等。

做法　将鱼去鳞、鳃和内脏后清洗干净，两面切花刀。在锅中倒入油后烧热，放入鱼煎至两面微黄，出锅备用。锅中底油放入胡椒粒，下入葱段、姜片爆香，放入煎好的鱼，加入适量水，大火煮15分钟，加入味精调匀。在汤碗中加入适量胡椒粉、葱、白醋、味精、糖，将鱼盛入碗中，加入葱姜丝和红椒即可。

图7-7　醋椒大黄鱼

七　山海一城黄金鱼——大陈黄鱼

菜名　茄汁大黄鱼（图7-8）。

原料　大黄鱼、胡萝卜、葱、姜、淀粉、番茄酱等。

做法　将鱼解冻，葱切段后放入锅中煸炒一下盛出待用。在鱼表面涂抹一层薄盐，放入油锅中煎熟，保持金黄。将胡萝卜煮软，切丁，加入煸炒过的葱姜段，加入番茄酱、少许料酒、淀粉，熬煮后加糖。将鱼放入盘中，淋上茄汁即可。

图7-8　茄汁大黄鱼

虾蟹类

八 鲜嫩白透似玲珑——萧山白对虾

【产地环境】

萧山区隶属杭州市,位于浙江杭州湾南部,钱塘江南岸,拥有大量围垦土地,水系丰富。萧山区属亚热带季风气候,气候温和,四季分明,具有春旱、夏长、秋雨、冬暖的立体气候特点。年平均气温16.3℃,雨水丰沛,全年常年性降水量为1400～1450毫米;无霜期长,在229天以上,年日照时数1872小时,霜雪稀少。渔业一直是萧山区农业的主导产业,"拳头"水产品便是南美白对虾。萧山区靠海临江的特殊地理位置使其淡水中含盐量较高,非常适合南美白对虾的淡化养殖。该区域土壤以钱塘江围垦粉沙土壤为主,土地平整,江河纵横交错,并呈格子状分布,水产资源丰富,水质良好,气候条件适宜,为南美白对虾提供了良好的栖息场所。

南美白对虾(*Penaeus vannamei*),俗称白肢虾或白对虾,属节肢动物门、甲壳纲、十足目、对虾科,为广温广盐性热带虾类。目前,南美白对虾的人工养殖技术成熟,是世界三大养殖对虾中单产量最高的虾种。

2000年,萧山区成功引进南美白对虾并成功开展了种苗淡化培育和池塘养殖技术研究,逐步铺开生产,形成了全国最大的白对虾淡水连片养殖基地,打造了具有地域特色的萧山白对虾(图8-1),年产量超4万吨,年产值超10亿元。为更好地保护萧山白对虾这一地方品牌,2012年,萧山白对虾获批国家地理标志证明商标,生产地域范围明确为杭州市萧山区。

图8-1 萧山白对虾

【养殖加工】

萧山白对虾主要采用温室大棚和土塘混合的养殖模式。萧山白对虾的养殖池塘有10万余亩,池塘大小一般为5~20亩,平均塘深2~3米。其养殖用水来自萧山围垦河道水域,且大多属于地表Ⅱ类水质,其盐度为1.0‰~4.5‰,pH为7.5~9.2,符合白对虾淡化养殖要求。

温棚模式为每年3月初提前放苗,而传统土塘则是在5月放苗,因此，温棚模式一年可以养殖两轮。冬季来临前，棚内水温可以保持在合适的温度，保温效果较好，与土塘相比降低了养殖风险，能够更好地控制养殖环境，有效防止病害发生，提高了成活率，但相对成本较高。此外，通过进一步技术改良，萧山白对虾采用"高位池＋温棚"养殖模式（图8-2），通过增氧、控水、自动排污等技术，有效提升了白对虾的产量和品质。

萧山白对虾养殖业逐步拓宽产业链，成立了一批对虾加工企业，其主要加工产品为虾仁制品。冻虾仁加工过程：将清洗后的原料虾去头、去肠、去壳，用冰水浸泡后蒸煮，然后冷却，必要时加入食品加工辅料搅拌均匀，单冻装盘封装。

图8-2　萧山白对虾"高位池＋温棚"养殖模式

萧山白对虾肉质白嫩，其虾仁制品深受国内市场消费者欢迎，同时出口至欧洲、美国等地。萧山白对虾主要有两个加工渠道：一个是做成冻虾，供应给北方市场；另一个则是加工成面包虾、虾仁

图8-3　萧山白对虾虾仁

（图8-3）等，出口至欧美、俄罗斯、日本等市场。

【营养风味】

萧山白对虾壳薄体肥，肉质鲜美，含肉率高，营养丰富。据测定，每100克萧山白对虾肌肉含有水分74.8克、蛋白质18.7克、脂肪1.07克、灰分1.39克，是一种富含蛋白质、微量元素、不饱和脂肪酸的优质食物。

萧山白对虾含有常见的18种氨基酸且构成完整，必需氨基酸与非必需氨基酸的比值高于60%，且含有大量的呈味氨基酸，味道鲜美。萧山白对虾中不饱和脂肪酸含量比其他养殖对虾高，其富含多不饱和脂肪酸，包括EPA（二十碳五烯酸）和DHA（二十二碳六烯酸），两者含量总和占总脂肪酸含量的20%以上，达到海水鱼水平。

萧山白对虾含有丰富的矿物质元素，如镁、锌、磷、钙等，还含有大量类胡萝卜素，如虾青素等。南美白对虾肉质松软，容易被人体吸收，对身体虚弱及病后调理的人来说是一种理想的食物。

> EPA（二十碳五烯酸）是鱼油的主要成分，可以帮助人体降低胆固醇含量，促进人体血液循环。DHA（二十二碳六烯酸）是神经发育的重要营养物质，对婴儿视觉发育、智力发育有重要作用。

八 鲜嫩白透似玲珑——萧山白对虾

【安全监控】

南美白对虾在养殖过程中稍有不慎就容易发病,发病就要用药,因此,药物滥用问题一直影响着对虾产业的健康发展。对虾在养殖过程中吸收药物,体内组织中极有可能积累残留的兽药、农药等有害物质,其质量安全问题一直以来都是食品安全关注的重点之一。

我国农业主管部门长期对南美白对虾开展质量安全风险监测,每年多次检测南美白对虾中的硝基呋喃类药物、氯霉素等违禁药物残留。目前,萧山白对虾已销往20多个国家和地区,为确保南美白对虾顺利出口,杭州市对出口水产品备案基地的源头进行监督检查,实施全程无缝隙监管,保障对虾产业健康发展。

【美味佳肴】

萧山白对虾是大众化的水产品,可以蒸、煮食之。南美白对虾的烹调方法有红烧、油炸、甜烤,也可以剥壳后与其他蔬菜混炒,味均鲜美。对虾不适宜与含有鞣酸的水果同食,如葡萄、石榴、山楂、柿子等,因鞣酸会降低蛋白质的营养价值,且易引起人体不适。

菜名 油焖对虾(图8-4)。
原料 对虾、植物油、食盐、白糖、酱油、葱等。

做法 用牙签挑去虾线，把所有新鲜对虾过油，过油后再次回锅，加入适量水、酱油、糖提鲜，最后加入葱提味即可。

图8-4　油焖对虾

菜名 白灼对虾（图8-5）。

原料 对虾、姜、蒜、料酒、生抽、陈醋、白糖等。

做法 将对虾去除虾须后洗净待用。在锅中加入水烧至微沸，加入姜片、料酒和盐，倒入虾，大火煮沸1分钟后捞出，放入冰中冷却，然后装盘。将蒜瓣拍碎后剁成小碎末，加入适量醋，制成蘸酱。

图8-5　白灼对虾

菜名 粉丝对虾煲（图8-6）。

原料 对虾、娃娃菜、大蒜、绿豆粉丝、生抽、蚝油、盐、料酒、胡椒粉等。

做法 将对虾去除虾线，加入适量料酒和胡椒粉拌匀，腌制15分钟。将娃娃菜洗净后对半切开并放入砂锅中，将泡好的绿豆粉

八　鲜嫩白透似玲珑——萧山白对虾

丝放在娃娃菜上。将大蒜切碎，浇上热油，加入1勺生抽、1勺蚝油、少许盐搅拌均匀。将腌制好的对虾摆在粉丝上，把蒜泥均匀倒在上面，加入1碗水，大火烧10分钟左右即可。

图8-6　粉丝对虾煲

菜名　对虾紫菜蛋汤（图8-7）。

原料　对虾、紫菜、鸡蛋清、玉米粉、熟猪油、料酒等。

做法　将对虾去除头、壳和肠，留下虾尾，沿背剖开，清洗后挤干水分，备用。锅中加水，将对虾、紫菜下入锅中煮沸15分钟，加入鸡蛋清、玉米粉、熟猪油、精盐、味精调味即可。

图8-7　对虾紫菜蛋汤

菜名　龙井虾仁（图8-8）。

原料　对虾、龙井茶

图8-8　龙井虾仁

叶、淀粉、蛋清、料酒、葱等。

做法 将虾剥出虾肉，用清水反复清洗，沥干水分。将虾仁盛到碟中，加入盐和蛋清，用筷子搅拌至有黏性，再加入淀粉，腌制1小时。茶叶用开水泡开，备用。在热锅中倒入油，虾仁入锅后翻炒20秒左右盛出。用葱炝锅，放入虾仁，再加入料酒、茶叶和茶水，迅速翻炒半分钟即可。

虾仁的鲜甜，配上茶叶的清香，堪称"杭帮菜"的经典。

九 水乡泽国虾精灵——德清青虾

【产地环境】

德清县位于浙江北部，东望上海，南接杭州，北连太湖，西枕天目山麓，地处长三角腹地。德清县有水域面积15.07万亩，其中河港4.84万亩，湖泊6.70万亩，其他3.53万亩。德清县西部为低山丘陵区，多溪流、塘库；东部为平原水网区，河港纵横，漾荡密布，故素有"水乡泽国"之称。德清县先后15次进入全国百强县（市）行列，获得全国文明城市、全国生态县、国家农产品质量安全县等称号。

德清县于1992年开始人工养殖青虾，至今已有30年历史。2001年，德清县三合乡被浙江省海洋与渔业局评为"青虾之乡"。德清县青虾养殖被列入国家级标准化示范园区。2021年11月，德清青虾被认定为国家农产品地理标志产品，其保护范围为东经119°45′23″～120°20′22″，北纬30°25′40″～30°41′51″，保护区域面积69072公顷。

青虾，学名日本沼虾，属杂食性小动物，以藻类、水草茎叶碎片、浮游动物、虾类、泥沙等为食，也食粮食类细末和枝角类、桡足类小生物（图9-1）。青虾营底栖生活，喜欢栖息在水草丛生的缓流处，夏秋季青虾在岸边1～2米深的浅水处觅食和繁殖，冬季则移到较深的水区越冬。青虾对栖息环境有比较严格的要求：一是水质要求溶解氧丰富，偏碱性，符合渔业水质标准；二是水温最宜为20～25℃，繁殖盛期为26～30℃；三是光照是青虾生长育肥的重要因素，成虾较惧怕光照，但幼虾则有较强的趋光性。德清县养殖环境符合青虾生长的自然原生态条件，因而该地出产的青虾具有肉质坚实、富有弹性、口感鲜美等优良品质，保持了野生青虾的特性，成为真正的原产地水产品。

图9-1　青虾

【养殖历史】

德清县野生青虾资源丰富，清朝已有文字记载。在清康熙《德清县志》食货考中，青虾归为鳞介类。清道光九年（1829年），清疏筐、李江（武康人）等撰写的《武康县志》中描述"虾，产渚湖者佳"。渚湖就是现在位于德清县下渚湖国家湿地公园内的下渚湖。民国时期，渔民捕虾兴起。《德清渔业概况》（1947年）中记载：全县有虾笼船50只。《德清统计》第十六期中的《充满生机的德清青虾养殖业》,详细描述了德清得天独厚的地理位置,适宜的青虾养殖环境,以及德清青虾投资少、见效快、收益高、风险小、调整快的特点。

德清县从1992年开始人工养殖青虾,历经8年,青虾养殖面积从最初的12.5亩发展到近10万亩(图9-2)。2001年,全国各省(区、市)有100余批次考察团来德清学习交流,德清成为全国农业结构调整的典范。

德清青虾是德清县水产养殖的主导品种,约占浙江省青虾产量的1/4,是全国重要的青虾养殖基地之一。德清县通过政府扶持,科研攻关,成立国家级青虾标准化示范区,制定青虾养殖技术省级

图9-2 德清县新安镇青虾养殖场

地方标准，建设青虾良种场与质量检测中心，强化青虾养殖技术培训，建立青虾交易市场、青虾医院等，构建了完善的德清青虾产业体系。2020年，全县青虾养殖面积95851亩，年产量8395吨，年产值92345万元，占农业总产值的21%。

德清青虾历经30年的发展，取得了令世人瞩目的成就。2001年9月，"水精灵"牌淡水青虾被认定为浙江省农业名牌产品；2007年2月，"水精灵"商标获浙江省著名商标称号；2001—2007年，连续7年"水精灵"牌德清青虾获浙江省农博会金奖；2010年12月，德清县水产协会推广稻田养虾获全国科普惠农兴村先进单位称号；2012年4月，德清县被中国渔业协会授予"中国青虾之乡"称号（图9-3）。青虾已成为德清县特色农产品，是德清县水产养殖业的一张闪亮名片。

图9-3 中国青虾之乡——德清

【养殖规模】

德清青虾采用的高密度、集约化养殖是提高水产养殖产量与效益的有效方式，而适宜的放养密度又是实现健康高效养殖的基本保障。德清青虾池塘养殖一般一年可养两季，分别为春季3—5月和秋季9—11月。苗种繁育选用的种虾要求体长在5厘米以上，体重在3克以上，整齐、健壮、无疾病，以野生种或选育良种为好。雌、雄配比为2∶1或3∶1，或在5月选择抱卵虾专池培育，一般亩放抱卵虾5千克左右，以复合有机肥培育浮游生物作为饵料。

培育出虾苗（图9-4）后，每亩每天用1.5～2.5千克黄豆，磨浆去渣，全池泼洒。每天2次，上午8∶00—9∶00，下午3∶00—4∶00各1次。10～15天后可改投人工配合破碎料，也可投喂麦粉、米糠，适量搭喂鱼肉、蚌肉、螺蚬肉等，日投喂量占虾体重的10%～15%。虾苗经30～40天培育，规格达到1.5厘米左右，即可出池。

饲养投喂含粗蛋白35%以上的青虾专用颗粒料。日投饲量占青虾体重的3%～5%，每天分2次投喂，上午8∶00—9∶00，下午5∶00—6∶00各1次，上午投喂量占1/3，全池投喂，下午投喂量占2/3，投于池塘四周浅水处，并根据季节、天气、水质变化及青虾吃食活动情况，适时调整。池塘水质常年保持清新，pH为7～8，溶解氧不低于4毫克/升，透明度在30厘米以上。高温季节池塘保持最高

图9-4 青虾苗

水位，根据水质情况适当换水，确保水质处于良好状态。

青虾常年可以捕捞，捕大留小，或一次性捕获，集中上市。主要方法有虾笼诱捕（图9-5）、密网扦捕、干塘抓捕。

图9-5　青虾虾笼诱捕

【营养价值】

每100克青虾肌肉中蛋白质、脂肪和灰分含量分别为15.7克、0.80克和1.39克。德清青虾肌肉含有17种氨基酸，必需氨基酸占总氨基酸含量的51.5%，符合FAO/WHO规定的理想模式。氨基酸评分和化学评分结果显示，第一和第二限制性氨基酸分别为缬氨酸和亮氨酸，其中必需氨基酸指数为75.6，表明青虾肌肉中必需氨基酸丰富且均衡，营养价值高。另外，青虾肌肉中甘氨酸含量较高，这种氨基酸含量越高，虾的甜味就越高。

德清青虾肌肉含有21种脂肪酸，其中饱和脂肪酸12种，单不饱和脂肪酸5种，多不饱和脂肪酸4种。肌肉中多不饱和脂肪酸占总脂肪酸含量的37.8%，其中EPA占23.4%，其肌肉脂肪酸组成和比例更贴近人体需求，营养价值较高。

青虾肉质松软，易消化，老年人、小孩以及久病体弱者都很适合食用。食用青虾也有禁忌，民间有说法，虾为动风发物，患有皮肤疥癣者忌食。过敏性鼻炎、支气管炎、反复发作性过敏性皮炎患者不宜大量食用。

【美味佳肴】

青虾是美味的水产品，可以蒸、煮食之，也可以油炸、油焖，味均鲜美，其中油爆虾最负盛名。

菜名 油爆青虾。

原料 鲜虾、葱、蒜等。

做法 将虾洗净，去虾线。将料酒、生抽、糖、清水倒入碗中拌匀，制成调料汁。锅内小火热油，放入虾后正反煎1分钟，保持小火，虾变色后，盛出待用。把切好的蒜末下锅炒出香味，再放虾，倒入调料汁，盖上锅盖焖2分钟，开锅盖起大火，加入水淀粉，翻炒收汁。出锅前放适量盐，装盘后撒上葱段点缀下即可。

菜名 油焖青虾（图9-6）。

原料 鲜虾、葱、姜等。

图9-6 油焖青虾

做法 用干净的剪刀剪去虾枪、虾须，去虾线，然后加入少许料酒去腥。葱、姜切小段备用，锅热后放入比平时炒菜略多一点的花生油，油热后放入腌制好的虾，待虾的一面变红后放入葱姜丝，然后翻面。倒入由白糖、白醋、生抽、盐调制好的汁，焖2～3分钟，汤汁收得差不多时即可出锅。

菜名 鲜虾肠粉（图9-7）。

原料 鲜虾、米浆、葱、姜、鸡粉、白胡椒粉等。

图9-7 鲜虾肠粉

做法 在虾肉中加入盐、白胡椒粉、鸡粉、黄酒、香油拌匀。舀入一小勺淀粉拌匀备用。在比萨盘中涂抹薄薄一层烹调油，然后把米浆倒入盘中摇匀，大火蒸1分钟。待米粉皮鼓起后便可取出，稍凉后把米粉皮从烤盘中取出。把事先腌制好的青虾肉码在米粉皮上。然后用铲刀把米粉皮卷起。把用米粉皮卷好的肠粉放置到比萨盘中，然后再置入笼屉。用旺火蒸5分钟后便可取出，码盘上桌食用。

十　三江之汇蟹味绝——兰江蟹

【产地环境】

兰溪市位于金华市西部，钱塘江中游，金衢盆地北部边缘，地处婺江、衢江和兰江三江交汇之处，自古有"三江之汇、六水之腰、七省通衢"之称。兰溪市属亚热带季风气候，温暖湿润，四季分明，夏秋高温，冬春偏寒，梅雨伏旱明显。年平均气温17.7℃，年平均降水量1450毫米，年日照约2000小时。

衢江自西向东、婺江自东向西流入兰溪市区，在兰阴山麓汇成兰江，北行至梅城汇入新安江而称富春江，继续北行，至富阳以北，称钱塘江。兰溪境内水系属钱塘江水系，主要由三江（兰江、金华江、衢江）五溪（梅溪、甘溪、赤溪、游埠溪、马达溪）组成，入海通江的水系为河蟹洄游提供了方便。兰江常年水源充足，7—9月兰江费垄断面、横山断面、西门码头断面水质处Ⅲ类水以上，其中横山断面3个月均保持Ⅱ类水，水质良好。

兰溪拥有发达的水系和丰富的渔业资源。三江交汇之处，水流较急，为兰江蟹的生长提供了绝佳的生态环境和自然条件。兰江源自安徽省休宁县青芝埭尖，经钱塘江流入东海，沿途山涧丘壑，树茂林密，水域清淳如镜，鱼游雁翔，水浅滩多，水草丰茂，正是兰

十 三江之汇蟹味绝——兰江蟹

江蟹的绝佳栖息地。兰江河床有砂砾、泥土等,富含腐殖质,十分适合野生河蟹栖息觅食。"不知兰江蟹味好,此生何必住兰溪",正是当地独特的生态资源造就了兰江蟹的优良品质。

【生物特性】

兰江蟹,学名中华绒螯蟹,俗称大闸蟹(图10-1)。兰江蟹头胸甲明显隆起。额缘有4个尖齿,齿间缺刻较深,居中1个特别深,呈"V"形或"U"形,第4侧齿明显。螯足钳掌与钳趾基部内外均有绒毛,第4对步足前节狭长,趾节呈尖爪状,雌蟹腹脐呈圆形,雄蟹腹脐呈三角形。背面呈现黄褐色或青褐色,腹部呈灰白色或银

雄性

雌性

雄性

雌性

图10-1 兰江蟹

白色。螯足绒毛呈棕褐色，步足刚毛呈金黄色。兰江蟹青壳白肚，金爪黄毛，至金秋十月，金爪结实有力，肚脐脂肥膏满，长至4两（200克）以上，便是最好的兰江蟹。

【养殖历史】

清光绪《兰溪县志》中记载："玉峰麓神祠前有池方红蟹壳殷，四五尺中产金红色蟹，红色巨者可制为酒杯。"明末清初文学家、戏剧家、蟹仙李渔在《闲情偶寄》中记载："蟹之鲜而肥，甘而腻，白似玉而黄似金，已造色香味三者之至极，更无一物可以上之。"

1969年前，每年霜降时节，兰江蟹集体往下游海口迁徙，并在那里产卵繁殖。翌年4—5月，孵化出来的蟹苗又开始洄游，找到适合生长的环境。1969年后，即富春江水库大坝建成后，阻拦了中华绒螯蟹、鳗鲡、鲈鱼、鲥鱼等多种水生动物上溯，造成了生物链断裂，兰江蟹开始慢慢消失。

近年来，兰溪市各部门始终践行"绿水青山就是金山银山"的发展理念，围绕"五水共治"建设重心，大力改善兰江的水质。2013—2019年，兰溪市在全省跨行政区域河流交接断面水质考核中连续7年获得优秀。养蟹即是养水，只有水质优良才能促进兰江蟹的健康生长。

从2006年起，兰溪市渔政站将兰江蟹列为增殖放流品种（图10-2），同时每年4月1日—9月30日的禁渔期内设立禁渔区，保证了兰江蟹生态环境和蟹种群质量，为兰江蟹的产量品质恢复奠定了良好基础。经过连续14年的增殖放流和环境保护，当地实现了兰江蟹从基本绝迹到重现"江湖"，又到今天喜获丰收的"大逆转"。

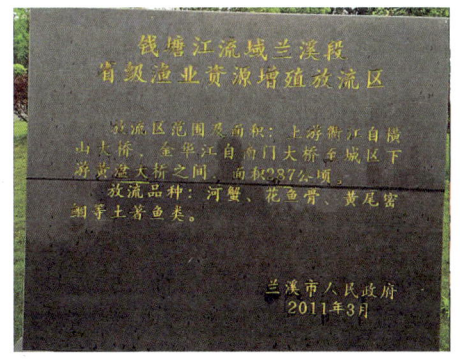

图10-2 增殖放流区标识

【养殖模式】

目前兰江蟹生长方式主要有两种：一种是蟹苗培育后通过增殖放流到自然水域，野生状态生长后淡水捕捞；另一种是池塘生态养殖生产。

1. 增殖放流后野生捕捞（图10-3，图10-4）

（1）制定增殖放流技术规程，对放流水域环境条件、苗种质量要求、苗种运输、计数、放流时间、放流方法、放流记录、跟踪调查与效果评价等方面严格按规程操作。

（2）设置兰江蟹禁渔区和禁渔期，禁止一切捕捞行为。兰溪市将37条河道设为禁渔区，禁止一切渔业捕捞行为。禁渔期定为每年4月1日—9月30日，在禁渔区范围内禁捕兰江蟹，为兰江蟹留出宝贵的自由生长空间和时间。

（3）制定淡水渔业资源捕捞管理制度。为了有效保护、合理

图10-3　增殖放流在岸投放

图10-4　增殖放流采用渔船投放

利用兰江渔业资源，控制捕捞强度，维护渔业生产秩序，保障渔业生产者的合法权益，根据《中华人民共和国渔业法》和兰江渔业资源变化与环境状况，确定船网工具控制指标，控制捕捞能力总量和渔业捕捞许可证数量，加强捕捞人员管理，禁止在禁渔区、禁渔期、保护区从事渔业捕捞活动，加强渔船和捕捞许可管理信息系统建设，建立健全渔船动态管理数据库。渔船船网工具指标和捕捞许可证的申请、审核审批及制发证书文件等应当通过全国统一的渔船动态管理系统进行。

2. 池塘生态养殖（图10-5）

兰江蟹养殖池塘要求保水性强，底部平坦，进、排水系统完

十　三江之汇蟹味绝——兰江蟹

图10-5　池塘生态养殖

善，底质以壤土为好，沿塘埂四周做好防逃设施。水质符合GB 11607—89《渔业水质标准》的要求，水源充足，排灌方便（图10-6）。

（1）放养前准备：①清池消毒。在蟹苗（种）放养前20～30天，排干池水，清除过多淤泥，修整池埂，每亩用生石灰75千克，彻底清池消毒。②施足基肥。蟹种放养前7～10天加注新水，并

图10-6　兰江蟹养殖环境

施腐熟有机肥500～600千克/亩，培育轮虫和枝角类、桡足类浮游生物，为苗种提供足量适口的饵料。③培植水生植物。栽种轮叶黑藻、伊乐藻等水生植物，栽种面积不超过池塘面积的2/3。④投放螺蛳。清明前后投放螺蛳200～300千克/亩，投放时沿池塘四周均匀撒开。

（2）苗种放养：①选择苗种。通常选择150～200只/千克规格的扣蟹，要求背甲呈淡绿色或黄绿色，腹部呈银白色；四肢齐全，趾节无损伤；体质健壮，爬行敏捷；甲壳光滑，无附着物。②放养时间和密度。12月至翌年3月放养蟹苗（种），放养前用3%～4%食盐水消毒。放养密度一般为800～1200只/亩。③前期暂养。用网片将池塘面积的1/4～1/3分隔为暂养区，在暂养区集中精喂，避免其进入外围水草种植区影响水草生长。5月底至6月初，待暂养区外围水草丰盛后可撤掉围隔的网片。④搭养混养。亩放鲢、鳙鱼（3∶1）冬片10～15尾、鳜鱼夏花6～8尾或抱卵青虾0.25千克。

（3）养殖管理：①水质管理。放苗初期，水位保持在40～50厘米，以后逐渐加深，4—5月水位保持在60～80厘米，6—8月水位保持在1.5米左右，透明度为40～50厘米。确保池水溶解氧充足，水质清新，在盛夏季节要注意加注新水，并保持水位相对稳定。②投饵管理。以配合饲料为主，同时辅以小麦、玉米、水草等植物性饲料，配合饲料卫生标准应符合GB 13078—2017《饲料卫生标准》，安全限量应符合NY 5072—2002《无公害食品 渔用配合饲料安全限量》的规定，坚持"前后精、中间青""荤素搭配、精青结合"的投喂原则。采用定时、定位、定质和定量的"四定"投喂法，合理搭配营养，科学喂养。③水草管理。水草生长过密时，要及时进行适当清除；水草若被河蟹消耗过大，还应及时补栽无性繁殖的水草，尽量保持池塘水草覆盖率在60%～70%。④日常管理。坚持早晚巡塘，注意水温、水质变化，检查河蟹的活动、蜕壳、摄食等情况，检修养殖设施，观察并及时杀灭敌害。每天做好生产日志的记录工作。

（4）病害防治：遵循"预防为主，防治结合，综合治理"的原则，坚持以生态防治为主，药物预防为辅的防治方法。严禁在河蟹蜕壳高峰期使用药物。采取彻底清塘消毒（图10-7）、选用优质种苗和及时处理病死蟹等方法，维护好池塘生态环境，防止环境恶化。

图10-7　养殖塘消毒

【营养风味】

兰溪有句谚语：秋风起，蟹黄肥；菊花黄，蟹儿壮。秋风萧瑟，乍暖还寒时，正是吃兰江蟹的最佳季节。民间流传"九吃雌蟹十选雄"的说法，因为10月后雄蟹性腺成熟，滋味营养最佳，肉质洁白甘甜，膏黄呈胶质流动状，鲜甜无比（图10-8）。

蟹肉味鲜美，营养丰富，与鱼类、贝类等其他水产品相比，蟹肉中蛋白质、脂肪、灰分三大营养成分含量均偏高，具体数据见表10-1。蟹肉富含多种矿物质元素，符合人体钙磷营养最佳比例1∶1～2∶1，是人体良好的钙、磷营养来源。镁、铁、锌、铜、

图10-8 兰江蟹肉和蟹膏

锰等元素的含量也较高。氨基酸种类齐全，呈味氨基酸（谷氨酸、天门冬氨酸、甘氨酸和丙氨酸）含量高，为兰江蟹味道鲜美的物质基础。

表10-1 兰江蟹营养成分表

营养成分	含量	营养成分	含量
蛋白质/（克/100克）	15.4～20.3	脂肪酸/%	4.41～11.0
脂肪/（克/100克）	8.52～17.3	饱和脂肪酸/%	0.80～1.71
灰分/（克/100克）	1.64～2.07	不饱和脂肪酸/%	3.61～9.29
水分/（克/100克）	67.0～70.3	多不饱和脂肪酸/%	0.65～2.79
磷/（毫克/100克）	220～360	氨基酸/%	13.5～17.6
钙/（毫克/100克）	150～370	必需氨基酸/%	5.29～7.22
钠/（毫克/100克）	130～200	呈味氨基酸（谷氨酸、天门冬氨酸、甘氨酸和丙氨酸等）/%	6.40～7.91
镁/（毫克/100克）	29.6～44.8		
锰/（毫克/100克）	0.176～0.632		
铜/（毫克/100克）	0.875～1.99		
锌/（毫克/100克）	3.97～5.24		

兰江蟹脂肪酸含量丰富，这是加热后产生香味不可缺少的物质，尤其是高含量的多不饱和脂肪酸能显著增加香味。

【养生食疗】

兰江蟹性寒、味咸，有清热解毒、补骨添髓、养筋接骨、活血祛痰、利湿退黄、利肢节、滋肝阴、充胃液的功效，对瘀血、黄疸、腰腿酸痛等有一定的食疗效果。

【食用禁忌】

平素脾胃虚寒、大便溏薄、腹痛隐隐、风寒感冒未愈、宿患风疾、顽固性皮肤瘙痒疾患之人忌食；月经过多、痛经、怀孕妇女忌食，尤忌食蟹爪。

蟹不宜与柿同食。《饮膳正要》中记载："柿、梨不可与蟹同食。"从食物药性看，柿、蟹皆为寒性，二者同食，寒凉伤脾胃，体质虚寒者尤应忌之；柿中含鞣酸，蟹肉富含蛋白，二者相遇，凝固为鞣酸蛋白，不易消化且妨碍消化功能，使食物滞留于肠内发酵，会出现呕吐、腹痛、腹泻等食物中毒现象。蟹也不宜与冷饮同食，如冰水、冰激凌等寒凉之物，使肠胃温度降低，与蟹同食，必致腹泻。故食蟹后不宜喝冷饮。

【美味佳肴】

菜名　清蒸蟹（图10-9）。

图10-9　清蒸蟹

图10-10　香煎蟹

原料　大闸蟹、姜、花椒、八角、紫苏等。

做法　将大闸蟹冲洗干净，腹部朝上放入蒸笼。加入紫苏、八角、花椒、姜片，锅中加水。大火上汽后转中火，其间不要开盖。全程蒸18分钟，关火后焖2分钟即可。

菜名　香煎蟹（图10-10）。

原料　大闸蟹、姜、芝麻油、花雕酒等。

做法　将大闸蟹对半切开。锅烧热，加入植物油和芝麻油各半，放入姜片爆炒，再倒入洗净的大闸蟹，倒入一碗花雕酒，将少许盐均匀地撒在大闸蟹表面，盖上锅盖。待酒快煮干时，锅底会剩一层油，可以再加入一点芝麻油，中小火翻面煎一会儿即可。

菜名　干焗蟹塔（图10-11）。

原料　虾肉、猪肉、大闸蟹、香菇、火腿、面粉、香油、鸡蛋清、姜等。

十　三江之汇蟹味绝——兰江蟹

做法　将虾肉剁成茸，大闸蟹去壳后挤出蟹肉，熟猪肉、香菇、火腿切成丁，姜切末。取一器皿，放入虾肉、蟹肉、熟猪肉丁、香菇丁、火腿丁、姜末、胡椒粉、鸡精、料酒、鸡蛋清，顺时针方向搅拌，加入香油调

图10-11　干焗蟹塔

成馅，再将调好的馅捏成塔状，上笼蒸3～5分钟，开锅后取出。在锅内倒入油，待油热后将蟹塔裹上面粉，入锅炸至金黄色捞出即可。

菜名　醉卤蟹（图10-12）。

原料　大闸蟹、啤酒、花雕酒、陈皮、姜、花椒、香叶、八角、桂皮等。

做法　清洗大闸蟹，准备锅，放入姜，倒入啤酒1瓶。将大闸蟹腹部朝上放入蒸锅，在啤酒中加入水，水开后蒸15分钟。蒸蟹的时候制作卤料，将各种香料、老冰糖、生抽、老抽加水烧开，调至满

图10-12　醉卤蟹

97

意的口味。将准备好的卤汁放凉后倒入1瓶花雕酒，放入蒸熟的螃蟹，再放入冰箱冷藏24小时即可。

菜名 蟹鲜煲（图10-13）。

原料 大闸蟹、虾、鸡爪、蔬菜、葱、姜、蒜、干辣椒、香叶、八角、花椒等。

图10-13 蟹鲜煲

做法 将鸡爪用加了姜片的冷水洗净、沥干，加入大蒜2个、香叶、八角、干辣椒、少许花椒、黄酒和生抽，倒入开水，煮好卤鸡爪备用。准备喜欢的蔬菜和年糕。将葱、姜、蒜、洋葱、香菜、干辣椒洗净、切好。虾去虾线，剪去须头。将大闸蟹对半切开，切口处沾上淀粉，锅里加入适量的油，炸一下蟹，以免蟹流失中间的水分和膏黄。每半个蟹炸到微呈金黄即可。虾也微炸一下。把葱、姜、蒜、洋葱入锅用油煸出香味，倒入豆瓣酱炒出红油，加入所有蔬菜翻炒均匀，再把刚才已煮好的鸡爪连同汤水一起倒入。根据口味加入盐和白糖提鲜。煮5分钟后开盖，加入蟹和虾，再煮5分钟左右。最后出锅撒上葱花和香菜即可。

菜名 咖喱蟹（图10-14）。

原料 大闸蟹、洋葱、面粉、葱、姜、白酒、白胡椒粉、椰浆、鱼露、咖喱块等。

做法 将蟹洗净，对半切开，加入白酒、白胡椒粉和少许盐拌匀。将半个洋葱切丝，葱切段，姜切片。将蟹沥干水分，切面蘸上面粉。把葱、姜、蒜、洋葱入锅用油煸出香味，倒入蟹翻炒，加入咖喱块、椰浆、鱼露，再煮10分钟左右。最后出锅撒上葱花和香菜即可。

图10-14 咖喱蟹

十一　横行世界小海鲜——三门青蟹

【产地环境】

台州市三门县位于浙江东南部，西靠天台山，东临三门湾，全县海域面积500平方千米，海岸线长370千米，素有"三门湾、金海滩"的美誉。三门县属亚热带季风区，年平均气温16.6℃，年平均降水量1660毫米。三门县境内浅海面积59万亩，滩涂21万亩，岛屿166个，是浙江省海水养殖第一大县，盛产三门青蟹、缢蛏、望潮、跳跳鱼等海产品。

三门县为全国最大的青蟹养殖基地（图11-1），养殖面积近10万亩，年产销商品蟹1万多吨，约占全省产量的一半，占全国产量近20%，年产值5亿多元，有"中国青蟹之乡"的美誉。三门青蟹先后被认定为国家地理标志保护产品和农产品地理标志产品。

青蟹（*Scylla* spp.），属软甲纲、十足目、梭子

图11-1　三门青蟹养殖基地

十一 横行世界小海鲜——三门青蟹

蟹科，是甲壳类动物。青蟹体积较大，体重最大可达2千克，是我国东南沿海地区重要的养殖经济蟹类之一。青蟹生长环境为浅海及潮间带，即涨潮淹没，退潮干露的滩涂，多栖息在泥沙底质有海草的低凹处、浅海岩礁石洞或有其他掩蔽物的地方，以软体动物和小型甲壳动物为食，也食杂蛤、小鱼虾。青蟹适宜生活在风浪平静的内湾或河口沿岸，海水交换良好，沙多泥少，饵料丰富，水质澄清，盐度为10‰~26‰，且夏天不太热，冬天又可潜伏。三门湾的气候和生态环境特别适合青蟹生长，由此孕育出其特有的品质。三门青蟹头胸甲呈卵圆形，色泽光亮呈青蓝色，壳较薄且大螯较大，整体看起来饱满，食用时味香浓郁，肉质细嫩，呈现"背青、黄肚、金爪、绯钳、壳薄、螯大、膏橙、肉白"的特点（图11-2）。

图11-2 三门青蟹

【养殖生产】

目前，浙江青蟹养殖模式有池塘混养、池塘专养、浅海笼养等，其中以围塘蟹、虾、贝生态混养模式为主要模式，主要养殖品种为青蟹、脊尾白虾、缢蛏、泥蚶等。一般于清明后放养稚蟹，个体甲壳宽8毫米，经过4~5个月的生长，规格超200克时起捕。9—

10月青蟹交配后，及时起捕雄蟹上市，雌蟹一般在10月底至11月初起捕。秋苗经越冬后至翌年4—6月上市。所以，在每年4—6月和9—11月，都可以吃到青蟹，其中农历八月青蟹最为肥壮。

青蟹耐干能力较强，离水后只要鳃腔里存有少量水分，鳃丝湿润，便可存活数天或数十天。为保证消费者权益，规范青蟹市场，2014年，台州市三门县专门出台了《三门县青蟹管理办法》，规定销售三门青蟹时应使用专用捆扎物捆扎，捆扎物的重量不得超过青蟹体重的5%，即每只青蟹使用捆扎物的长度不得超过2.5米。

2020年，三门青蟹出口至美国和意大利等国，在完成"国际旅程"后，依然保持鲜活有劲道，实现青蟹出口"零"的突破。如今，三门青蟹养殖户通过网络销售和低温冷藏技术让鲜甜的青蟹走进千家万户。

【加工产品】

青蟹加工产品主要有软壳青蟹、醉青蟹等。

软壳青蟹是青蟹特有的加工产品，将规格为50～150克的青蟹，进行单个养殖，待蜕壳后马上取出，经清洗、加工、包装后，冷冻储藏或直接以鲜活形式上市销售。活销产品保存在12～15℃的海水中，可保存1周。冷冻产品则在水温低于15℃的淡水中浸泡数小时，去除眼、鳃、附肢后，分规格包装冷冻储存。

醉青蟹是一种用鲜蟹和若干调料精制而成的生食品。其味道鲜美，在我国南方沿海地区较为常见。醉青蟹的制作大体上分为醉制和腌制2个步骤。醉制可选用黄酒或米酒；腌制通常将蟹浸泡在花椒、辣椒、茴香、桂皮、干姜等制成的卤汁中。醉青蟹出缸装坛后，经数月仍能保持其色、香、味、形不变。

【营养价值】

每100克青蟹肉中的蛋白质含量可达15.6克，蛋白质可促进人体生长发育，增强免疫功能。青蟹肌肉中总氨基酸含量为16.7%，必需氨基酸占总氨基酸含量的34.4%，呈味氨基酸含量为6.60%，营养价值仅次于鸡蛋，容易被人体消化吸收。

青蟹含有丰富的不饱和脂肪酸，特别是人体不能合成的EPA、DHA，两者含量均很高。青蟹肌肉中不饱和脂肪酸占总脂肪酸含量的74.6%，其中多不饱和脂肪酸含量高达47.8%，EPA含量为18.0%，DHA含量为13.5%，与市售深海鱼油产品相当。

青蟹含有丰富的矿物质元素，其中硒、钙、钾含量高，镁、铁、铜、锌、锰等含量也较高。青蟹肝脏中的钙含量极高，仅低于虾米、虾皮和丁香鱼，且天然有机钙易于吸收。青蟹属于高钾低钠食品，符合健康食品的营养模式，其钠含量只有梭子蟹的27%~50%。青蟹雌性生殖腺含有较高含量的硒。

现代科学证明，蟹壳含有12%的甲壳质、12%的蛋白质和75%的碳酸钙。甲壳质经过处理可生成酮酸，甲壳质和酮酸可降低食用色素的毒性。当前开发的软壳蟹软壳中富含蟹黄素、蟹红素、甲壳素、几丁聚糖、碳酸钙、蛋白质，营养价值高。

【养生食疗】

青蟹在蜕壳后的一段时间内比较瘦,称水蟹。此后肉渐丰满,肥实的雄蟹和未受精的雌蟹,称肉蟹。而受精后的雌蟹,卵巢成熟后,通体凝脂,红黄杂糅,似石榴籽粒,则称为膏蟹。此时食用,双螯玉肉嫩,块块红膏香,极为鲜美。青蟹肉富含蛋白质,对身体有很好的滋补作用,尤其是交配后性腺成熟的雌蟹有"海上人参"的美誉。

青蟹味咸,性寒,归肝、脾经。《本草纲目》中记载,青蟹具有壮腰补肾、消积健脾、养心安神、舒筋益气、健胃消食、通经络、散清热、散瘀血的功效。《南海海洋药用生物》中提到,青蟹开胃,催乳,治胃病、产后风等。《广西药用动物》中强调,青蟹有降压功效。《中国药用海洋生物》中记载,青蟹全螯滋补、消肿;蟹壳活血化瘀;壳有化瘀的功效,主治体虚水肿及产后寒缩痛、乳汁不足。因此,民间也有"八月蝤蛑(浙南地区对青蟹的俗称)抵只鸡"之说,表明青蟹具有很高的营养价值,尤其适合老人、幼儿和产妇滋补身体之用。

【美味佳肴】

青蟹在烹调上有多种制法,蒸、炒、炸、煎均可,如将青蟹切成块,煮粥,加以葱、姜等调料,味道更鲜美。"半壳含黄宜点酒，两螯斫雪劝加餐"，青蟹一直以来都是不可多得的美味。

菜名 农家烧青蟹（图11-3）。

原料 青蟹、料酒、姜、葱等。

做法 将清洗干净的青蟹放入锅内，加入少许水（以满至青蟹半身为准），加入少许料酒、葱、姜。旺火将水煮开后转小火，烧至锅底留少许水，熟后再往青蟹上淋少许油，出锅、切块、装盘即可。

图11-3　农家烧青蟹

菜名 八宝饭青蟹（图11-4）。

原料 青蟹、糯米、香菇、干贝、虾米、腊肠、胡萝卜丁等。

做法 提前2～3小时将糯米倒入水中浸泡。将胡萝卜切小丁，芹菜切末，腊肠切小丁，葱切段，虾米、香菇浸泡后切末，干贝浸泡后压成粗丝。在浸泡后的糯米中加入少量水和油，入锅，大火蒸20分钟。热锅加油、

图11-4　八宝饭青蟹

葱叶爆香后捞出，加入胡萝卜丁、腊肠丁、香菇碎、虾米碎、干贝丝小火爆香。将青蟹洗净后，打开蟹盖，去除内脏，再放入水中浸泡15分钟左右。蒸熟的糯米饭加入盐、鸡粉、胡椒粉、糖、芹菜末和爆香的辅料拌匀，铺在盘底。泡完水的青蟹切块并撒上少许盐，码到八宝饭上面，放上葱、姜片。上锅大火蒸8分钟，去除姜和葱段，再淋上热油即可。

菜名　白玉青蟹（图11-5）。

原料　青蟹、白萝卜、葱、姜等。

做法　青蟹清洗干净，切块，白萝卜切片备用。锅烧热，加入少许油，下葱段、姜片煸香，放入青蟹，翻炒片刻，淋入料酒，加入高汤，再放入盐。大火烧开后放入白萝卜片，改小火烧20分钟，再放入少许味精，出锅即可。

图11-5　白玉青蟹

菜名　青蟹炒年糕（图11-6）。

原料　青蟹、拇指年糕、咸蛋黄等。

做法　将蟹蒸熟后，掰开壳，去内脏，切块。用热水将年糕泡至微软。取咸鸭蛋黄，加入生粉和少许水，搅拌成糊状。将年糕放进蛋黄糊中，裹上蛋黄糊后热油炸至颜色微黄，年糕外壳稍脆即可，捞出控油。热锅爆香葱段，放入蟹，加入盐、料酒调味，盛出。加入少许清水烧开，用水淀粉勾薄芡。将青蟹和年糕装盘，淋上芡汁，盖上蟹壳，放上香菜点缀即可。

这道菜又名"黄金满屋"，因为年糕与"年年高"谐音，寓意着人们的工作和生活一年比一年好，是当地春节宴席必备的一道菜肴。

图11-6　青蟹炒年糕

龟鳖类

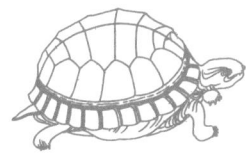

十二 高山稻田生态鳖——云和鳖

【产地环境】

丽水市云和县地处浙江西南部,属亚热带季风气候,瓯江上游的龙泉溪贯境而过,拥有丰富的森林和水力资源。全县森林覆盖率为80.8%,空气质量优良率达97.6%,生态环境质量排全国第10位,是省级生态县和省级森林城市,自古被誉为"洞宫福地"。全县总面积984平方千米,其中林地面积890平方千米,耕地面积55平方千米,水域面积39平方千米,山水资源独具特色,素有"九山半水半分田"之称。当地百姓利用地形特色,在山坡上开垦农田,种稻养鱼发展生产,具有"千年历史、千米落差、千层梯田",成为"中国最美梯田"。

浙西南山区山泉水多,稻田多,适合稻田养鳖。云和鳖是浙江省三大中华鳖名特优新农产品之一,以其稻鳖混养的特色深受消费者的喜爱(图12-1)。云和的稻田鳖背甲淡黄色,干净,无

图12-1 云和鳖

明显竖纹和凹凸，有少量较明显的背疣，色泽光亮，腹甲白色或有黑斑；裙边光滑有弹性，较宽厚、完整，伸展后基本平直；趾爪较长、尖、薄，爪尖略有颜色改变，肌肉紧密结实，有弹性；体内脂肪较少，呈自然淡黄色，野性足。云和鳖已纳入全国名特优新农产品名录，有效提升了区域特色农产品的品牌影响力。

【养殖历史】

2002年，云和县崇头镇开展山区高山稻田养鳖新模式试验。2017年4月，崇头镇栗溪村金坞自然村建设云和新型稻渔综合种养研发示范基地，流转土地60余亩。2018年，当地投资60万元进行田间设施改造，主要进行了稻鳖、稻鱼共生养殖，面积达20余亩，建设了标准的田间设施，满足进行稻渔综合种养的各种试验示范的要求。

当地合作社为养殖户提供优质、健康、安全的苗种及全程技术服务，技术人员每年下乡义务指导、教授农民养鳖技术。依托浙西南山区的区域条件和生态优势，当地将养殖用水原位修复和循环修复相结合的大规格苗种养殖技术、梯田生态养殖技术以及中华鳖品质控制技术进行科技集成，形成适宜浙西南山区的全产业链中华鳖生态养殖模式。截至2021年年底，在丽水景宁、龙泉、庆元、青田、松阳、莲都及温州文成、福建三明等地累计推广稻田养鳖面积1500余亩，年产值超过1000万元，带动了山区农民脱贫致富，助力乡村振兴。2019年，山区梯田中华鳖养殖模式获得全国稻渔综合种养模式创新大赛一等奖；云和高山稻田中华鳖连续4年被评为浙江省农博会金奖，于2020年通过农业农村部名特优新农产品评审。

【养殖模式】

稻田鳖，指稻鳖共生在一个水稻生产周期以上，并在稻田经过自然越冬的中华鳖。从概念上区别于其他养殖模式，明确需要在稻田里越冬的中华鳖，才能称为稻田鳖。高山稻田鳖在海拔500米以上的水稻田中养殖时间至少为10个月，从而保证了稻田鳖的营养、口感和品质。随着人们对中华鳖生态绿色的品质追求越来越高，大力发展稻田鳖养殖来满足中高端消费者的需求。

高山稻田养鳖是对传统养殖和种植模式的优化和创新。前期调查梯田生态环境，构建质量保证体系，筛选水稻品种和完善养殖技术，应用立体生态综合养殖的思路，建立了生态优化、粮食生产、中华鳖产量同步提高的生态立体循环养殖模式，大大提高了养殖稻田的生产能力和生态效益，建立起适合浙西南山区的高效、经济、无污染的绿色水产生态养殖系统。

稻鳖共生，是在种植水稻的田块中同时养殖中华鳖的一种生态种养结合模式（图12-2）。主要采取三段式养殖，即将中华鳖通过温室培育成200克以上规格的鳖种后，投放到池塘中，经过1~2年的养殖，达到500克以上的成鳖，再投放到高山稻田中，在微流水环境下经1~2年，养殖成优质的商品鳖。

（1）第一阶段：温室培育。

图12-2 稻鳖共生

温室采用钢架结构与塑料大棚等保温设施相结合的方式建造,具有完善的进、排水系统,加热系统,水质改良系统及保温系统,确保温室内气温保持在32～34℃,水温保持在30～32℃。

养殖管理要求:①鳖池消毒。稚鳖入池前,应对鳖池及温室进行消毒。②稚鳖放养。稚鳖应符合SC/T 1107—2010《中华鳖 亲鳖和苗种》中相应的规定。每年6—9月孵化出的稚鳖进入温室培育,稚鳖入池前用50毫克/升的聚维酮碘溶液浸泡消毒5～10分钟。③饲料和水质管理。温室鳖养殖过程中进行投饲和水质管理。饲料采用中华鳖专用人工配合饲料,质量应符合SC/T 1047—2001《中华鳖配合饲料》和NY 5072—2002《无公害食品 渔用配合饲料安全限量》中相应的规定;池水排放应符合SC/T 9101—2007《淡水池塘养殖水排放要求》中相应的规定。④鳖种出池。鳖种出池时采用水捕获法,鳖种规格应达到体重≥200克。

(2)第二阶段:池塘养殖。

养殖场地应符合NY/T 5343—2006《无公害食品 产地认定规范》中相应的规定,场地环境安静,交通便利。养殖场水源充足,养殖用水水质应符合NY 5051—2001《无公害食品 淡水养殖用水水质》中相应的要求。鳖池可用土池或水泥池，池塘面积以500～5000平方米为宜。池塘有独立的进、排水系统，四周应建有防逃、晒背、饲料台等设施，设施的建造符合GB/T 26876—2011《中华鳖池塘养殖技术规范》中相应的规定。

养殖管理要求：①鳖种放养。鳖种规格≥200克，质量应符合SC/T 1107—2010《中华鳖 亲鳖和苗种》中相应的要求。根据池塘条件，鳖种放养密度控制在80～120只/亩为宜。雌雄鳖种分田放养。②放养消毒。放养前应对池塘进行清塘消毒，方法应符合DB33/T 721—2017《水产养殖消毒剂使用技术规范》中相应的规定。鳖种放入池塘前应用50毫克/升的聚维酮碘溶液浸泡消毒5～10分钟。③鱼类套养。养鳖池塘中适当套养鲢和鳙，放养规格为体重50～100克/尾，放养数量以10～120尾/亩为宜。④投饲方法。应符合GB/T 26876—2011《中华鳖池塘养殖技术规范》中相应的规定。⑤水质管理。应保持池塘水质清新，池塘水位长年保持在0.8～1.0米，可以采用微流水养殖方式，并适当定期在水体中投放光合菌或EM菌等有益微生物制剂调控水质。池水排放应符合SC/T 9101—2007《淡水池塘养殖水排放要求》中相应的要求。⑥疾病防治。应采取"对症下药、预防为主"的方针，防治病用药应符合NY 5071—2002《无公害食品 渔用药物使用准则》中相应的规定。⑦捕获。根据数量的季节变化，可采取干塘捕捞或带水徒手捕捉等方法。

（3）第三阶段：稻鳖共生。

场地应选择环境安静、水源充足的稻田，单个稻田面积以

300~3000平方米为宜，其他产地环境应符合NY/T 5343—2006《无公害食品 产地认定规范》和NY/T 847—2004《水稻产地环境技术条件》中相应的要求，养殖用水水质应符合NY 5051—2001《无公害食品 淡水养殖用水水质》中相应的要求。

田间改造。养殖稻田在放养前应对田埂进行改造，应符合SC/T 1009—2006《稻田养鱼技术规范》中相应的要求。稻田中华鳖防逃设施应符合GB/T 26876—2011《中华鳖池塘养殖技术规范》中相应的要求，可选用墙砖、铝塑板和石棉瓦等材料。稻鳖共生的稻田应开挖沟坑。沟坑的位置紧靠排水口角处或一侧，面积控制在稻田总面积的10%以内，深度为30~50厘米，四周可用条石砖或水泥等进行硬化。

种养管理要求：①水稻栽培。应按照DB33/T 986—2015《稻鳖共生轮作技术规范》中相应的规定。②稻鳖共生。稻田水位控制、投饲、施肥、稻鳖病虫害防治、防逃等日常管理要求应符合DB33/T 986—2015《稻鳖共生轮作技术规范》中相应的规定。③收稻起捕。水稻成熟后，应及时收割，秸秆还田或移出稻田。中华鳖可采用手捉、地笼或清底翻挖等方式起捕。④甲鱼越冬。稻田水位保持在40厘米以上，不应注水和排水。出现冻封时，应及时在冰面上打洞。

浙西南高山稻田的生态环境对中华鳖品质的提升产生了积极影响，示范推广中华鳖梯田养殖生态集成技术，推动丽水稻田养鳖产业快速发展，为发展富民产业提供了技术支撑，创造了经济价值。

【营养风味】

中华鳖（*Trionyx sinensis*），俗称甲鱼、水鱼、团鱼等。鳖肉味道鲜美，营养丰富，具有鸡、鹿、牛、羊、猪五种肉的美味，故素有"美食五味肉"的美称。

中华鳖肌肉具有高蛋白、低脂肪的优点，还含有丰富的镁、钙、铁、磷、维生素B_1、维生素B_2、烟酸、维生素A等多种营养成分。中华鳖肌肉含有20种脂肪酸，以不饱和脂肪酸为主，其中，多不饱和脂肪酸约占总脂肪酸含量的30.0%，是牛肉的6.54倍，罗非鱼的2.54倍。EPA和DHA总量可达15.0%，不低于深海鱼类和海水贝类。龟甲富含骨胶原、蛋白质、脂肪、肽类、多种酶以及人体必需的多种微量元素。

高山稻田云和鳖肌肉中蛋白质含量为17.6克/100克。中华鳖肌肉中必需氨基酸占总氨基酸含量的40.8%，必需氨基酸与非必需氨基酸的比值为0.69，符合FAO/WHO规定的理想模式。鳖肉经过热处理，其消化率高于牛肉，易被人体吸收，是十分优质的蛋白来源。中华鳖裙边中的胶原蛋白含量达60.9%，属于Ⅰ型胶原蛋白。

因甲鱼种类、生长周期和生活环境不同，其营养成分也会有一定差异。研究表明，随着甲鱼生长年龄的增大，其蛋白质和脂肪含量均呈上升趋势。尤其是仿生态养殖甲鱼，经过在自然环境越冬冬眠，体内的不饱和脂肪酸含量明显提高，接近野生甲鱼，呈现出更高的营养价值和更好的口感风味。这也是高山稻田鳖价格高的原因之一。

【养生食疗】

食鳖的历史，可以上溯到周朝甚至更远。中华鳖是珍贵的药材，鳖甲、头、肉、血、胆等都可入药。中医认为，鳖肉味甘性平，可滋阴凉血，补肾健骨。《名医别录》中描述，鳖肉有补中益气的功效。《本草纲目》中记载，鳖肉可治久痢、虚劳、脚气等病；鳖甲主治骨蒸劳热、阴虚风动等；鳖血外敷可治颜面神经麻痹、小儿疳积潮热，兑酒可治妇女血瘕；鳖卵能治久泻久痢；鳖胆汁有治痔瘘等功效。《日用本草》认为，鳖头干制入药称"鳖首"，焙干研末，黄酒冲服，可治脱肛、漏疮等。以活鳖、鳖甲或鳖甲胶为原料配制的中成药有二龙膏、乌鸡白凤丸、化症回生丹、史国公药酒、鳖甲煎丸等。

现代科学研究表明，鳖富含维生素A、维生素E、胶原蛋白和多种氨基酸、不饱和脂肪酸、微量元素。死去、变质的鳖不能食用。

【美味佳肴】

菜名 火腿蒸甲鱼（图12-3）。

原料 甲鱼、金华火腿、黄酒、葱、姜等。

做法 将甲鱼洗净，火腿用温水洗净，准备好调料。把甲鱼放入热水里撕去外壳最表层的黑皮污膜,再次清洗干净后沥干水分。把甲鱼放入盆里,加入黄酒、生姜、小葱、白胡椒粉一起拌匀,腌制去腥,备用。

图12-3　火腿蒸甲鱼

把火腿切成薄片,取一个干净的盆,在盆底加入生姜片和葱段。先把甲鱼身体放入盆里,在上面放上火腿片,将甲鱼壳盖好,再在上面放上火腿片,然后再放一层生姜片和葱段,冷水上锅蒸30分钟,熄火出锅。最后把上面的葱和姜片去掉,加入葱花即可。

用金华火腿和甲鱼一起蒸制,火腿的咸鲜香味和甲鱼融合之后,汤醇味鲜。

菜名　红烧甲鱼(图12-4)。

原料　甲鱼、葱、姜、蒜、花生油、八角、肉蔻、黄酒等。

做法　将甲鱼从中间剖开,剔除黄色的脂肪,切块。在锅中加入冷水,放入甲鱼块,加上葱段、姜片和黄酒焯水,盛出后控水备用。将葱切段,姜切片,热锅下油,放入八角和肉蔻煸香。放入甲鱼块,旺火翻炒10秒,再加

图12-4　红烧甲鱼

入葱段和姜片，炒出香味，盛出甲鱼备用。加入酱油和适量水，与剩余的调料炒匀，大火烧开，加入甲鱼，盖上锅盖，转小火炖10分钟。最后转大火收汁即可。

菜名　甲鱼母鸡汤（图12-5）。

原料　甲鱼、老母鸡、葱、姜、当归、黄芪、枸杞、红枣等。

做法　将甲鱼洗净、切块，老母鸡切成大块。在锅内加水，放入母鸡、甲鱼焯水备用。把鸡和甲鱼洗净后放入砂锅，加入红枣、枸杞、当归、黄芪、葱、姜。大火烧开，撇去浮沫。小火慢炖1.5小时至汤浓肉烂，加入调味料即可。

图12-5　甲鱼母鸡汤

菜名　山药甲鱼汤（图12-6）。

原料　甲鱼、山药、葱、姜等。

做法　将甲鱼洗净、切块。在锅中加入适量的水烧开，放入洗净的甲鱼焯水捞出。在砂锅中加入适量的水，放入甲鱼块，加入葱段和姜片，大火烧

图12-6　山药甲鱼汤

开后改小火慢炖。将山药洗净、去皮、切块，甲鱼炖1小时后加入山药，继续小火炖1~2小时。加入少许盐调味，挑出葱、姜即可。

这道山药甲鱼汤，味道极其鲜美，色清、汁鲜、肉嫩，不腥不腻，风味独特，强身滋补。

菜名 虫草红枣炖甲鱼（图12-7）。

原料 甲鱼、虫草、红枣、姜等。

做法 将甲鱼焯水，虫草、红枣洗净，姜切片待用。取净锅上火，加入食用油，将甲鱼炸透后捞出控油。取净锅上火，放入清汤、姜片、红枣、虫草、甲鱼，大火烧开后转中火炖45分钟，加入调味料即可。

图12-7　虫草红枣炖甲鱼

> 虫草能养肺阴、益肾阳，并有止血止咳的作用。甲鱼富含动物胶原蛋白、维生素D等，有滋阴养血、清热散结、益肾健骨的功效，适用于阴虚潮热、骨蒸盗汗、阴虚风动等。

菜名 药膳养生鳖煲（图12-8）。

原料 甲鱼、鸡、党参、三七、补骨脂、茯苓、山楂、葱、姜、花雕酒等。

做法 将甲鱼和鸡宰杀、切块、洗净，稍焯烫去血水备用。将甲鱼、鸡块与其他配料置入锅内，加水没过食材，等水开后，撇去浮沫，将肉捞出，洗净后装盘备用。准

图12-8 药膳养生鳖煲

备好洗净的砂锅，用姜片垫底，放入药膳包、葱结，将甲鱼、鸡块倒入砂锅，加入清水，倒入50克花雕酒。加入调味料，大火煮开，转小火慢炖1.5小时即可。

　　同样的食材，还有一道地方传统菜——"霸王别姬"。选购1千克以上的甲鱼和1.5千克左右的老鸡。把姜、葱、陈皮等佐料放入挖空的苹果中，再把苹果放在鸡腹内，用高压锅把鸡蒸熟后备用。将甲鱼宰杀、洗净，加入葱、姜和酒，用锅蒸熟，浇上老鸡汤，稍微焖一会儿。然后把甲鱼放在鸡上边，甲鱼头同鸡头放在一起，鳖和鸡谐音寓意"别姬"。这道菜不仅造型优美，味道馥香，而且营养丰富，是初春和冬季的上等佳肴，有滋补和保健的功效。

贝类

十三 东海碧波俏夫人——嵊泗贻贝

【产地环境】

舟山市嵊泗列岛位于杭州湾以东,长江口东南,陆域面积86平方千米,海域面积8738平方千米,海域面积占全县总面积的99.03%,故有"一分岛礁九九海"之说。嵊泗县地处著名的舟山渔场中心,属亚热带海洋性季风气候,四季分明,冬无严寒,夏无酷暑,日照充足,温差较小。海域环境优越,水质肥沃,饵料充足,温度适中,利于海洋生物栖息,水产品资源丰富,被称为"东海鱼仓"和"海上牧场"(图13-1)。

图13-1 嵊泗贻贝养殖基地

贻贝在舟山当地有一个美丽名称——"东海夫人"。嵊泗贻贝产地保护区范围为东经122°33′30″~122°53′12″,北纬30°26′16″~30°52′00″,面积54900公顷。现贻贝类养殖面积

1484公顷,年产量16万吨。嵊泗海域海区海水比重为1.010～1.030,水流流速为15～25米/分,底质为泥沙底或泥底,浮游生物丰富,水质清新、肥沃,该海域为嵊泗贻贝提供了良好的生长环境。

贻贝(*Mytilus edulis*)属软体动物门、瓣鳃纲、异柱目、贻贝科,俗称海虹,干制品称为淡菜。我国贻贝养殖品种包括厚壳贻贝和紫贻贝,嵊泗养殖品种以厚壳贻贝为主。嵊泗贻贝具有个大、鲜嫩、肉肥、出肉率高、营养丰富、无污染等特点,为东海海鲜中的佳品(图13-2)。

厚壳贻贝

紫贻贝

图13-2 厚壳贻贝和紫贻贝

【养殖历史】

历史文献中很早就有嵊泗人采集野生贻贝来食用和交易的记载,民间还流传着"贻贝和岛猴"的传说,这些都印证了嵊泗贻贝生长和利用的原始状况。《本草拾遗》中记载,贻贝"味甘,温,无毒"。《日华子本草》中记载:"煮熟食之,能补五脏,益阳事，理腰脚气，消宿食，除腹中冷气，疙癣。"民间认为嵊泗贻贝具有一定的药用滋补效果。

唐朝时，嵊泗贻贝制成的贻贝干就因质量上乘，被舟山官府选作进贡朝廷的御供珍品，呈送京城，史称"翁山贡干"（当时舟山地名为翁山）。明代，嵊山、壁下等诸岛上的贻贝采获已具相当规模。明嘉靖年间（1522—1566年），著名的抗倭儒将郑若曾所著的《筹海图编》中描述了定海一带民众在嵊泗诸岛上采获"壳肉"（即贻贝）谋生，贻贝采获当时已见规模。同时，来自镇海、奉化、象山等地的沿海渔民把经过加工的嵊泗贻贝干带回了浙东沿海大陆乃至更远的江西、江苏、福建等地销售，使得嵊泗贻贝的清香远飘四方，历代不衰。

1973年，嵊泗贻贝开始人工养殖，逐渐发展为支柱性产业。嵊泗县贻贝最初养殖品种是紫贻贝，效益不高，一直制约着贻贝产业的发展。2001年，嵊泗县被评为浙江省省级万亩贻贝产业化示范园区。2009年，嵊泗原始自然品种厚壳贻贝人工育苗成功，从原先的零星散养一下发展至大面积推广，其市场价格是紫贻贝的3倍多，给养殖户带来了新的机遇和良好的效益。

2007年5月，嵊泗贻贝成为全国首个海洋类产品地理标志集体商标（图13-3）。2008年，嵊泗贻贝通过无公害农产品认证，又被认定为浙江省绿色食品和浙江省名牌产品，先后荣获国际农业博览会金奖、浙江省渔业博览会金奖。2010年5月，嵊泗贻贝被世界知识产权组织国际局批准在韩国注册成功，成为嵊泗县首个在国外注册成功的国际商标。同年8月，嵊泗县被授予"中国贻贝之乡"称

图13-3 "嵊泗贻贝"商标

图13-4 "中国贻贝之乡"授牌仪式

图13-5 农产品地理标志登记证书

号（图13-4）。2012年6月，嵊泗贻贝成为首个国家地理标志集体商标产品。2019年，嵊泗贻贝获得国家农产品地理标志登记证书（图13-5）。

【养殖模式】

嵊泗贻贝采用全人工育苗和自然海域筏式养殖模式（图13-6）。每年清明前后，当地养殖户人工育苗获得厚壳贻贝苗，挑选壳长0.7厘米左右的健康苗，均匀地放在网片上，再用养成绳包紧缝实，3~5天后拆网，挂养到海上。日常管理包括调节水层、加固筏架、清除敌害。贻贝因悬浮在水中，附着在筏架养成绳上可随涨潮退潮

十三　东海碧波俏夫人——嵊泗贻贝

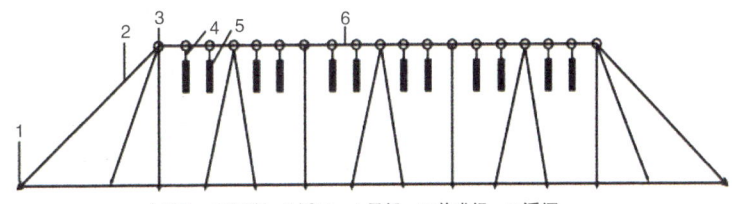

1.桩头；2.橛缆；3.浮子；4.吊绳；5.养成绳；6.浮绠。

图13-6　海上贻贝筏式养殖模式（筏架结构）

而升降，不受退潮露空的影响，生长速度较快，一般在6—10月，贻贝长到壳长6厘米以上即可收获上市（图13-7）。

图13-7　海上筏式养殖的贻贝

嵊泗贻贝主要以鲜销为主。鲜活贻贝从海里捕捞上来后，经割贝、清洗、挑拣和净化，再进行包装、运输、销售（图13-8）。目

图13-8　鲜活贻贝加工

前，人工加工贻贝已渐渐被机械化代替。

贻贝产量大，收获后不易保存。贻贝经煮熟后，自然日晒加工成干品——淡菜（图13-9）。

图13-9　淡菜

【营养风味】

每100克嵊泗贻贝肉含有蛋白质11.1克、脂肪3.10克、灰分1.70克、水分74.2克。新鲜贻贝中的蛋白质是优质完全蛋白质，与鸡蛋相当，营养丰富，易被人体吸收，素有"海中鸡蛋"之称。

贻贝含有常见的18种氨基酸且构成完整，氨基酸含量和非必需氨基酸含量均高于鸡蛋。贻贝中的脂肪酸含量远远高于普通的淡水鱼，尤其富含多不饱和脂肪酸，与海水鱼相当。此外，厚壳贻贝软体部分还富含多糖、牛磺酸、维生素和多种矿物质元素。因此，贻贝是一种理想的优质营养食品。

贻贝营养成分受生长季节、水域环境等条件的影响。厚壳贻贝在一年四季中氨基酸含量有显著性差异，必需氨基酸含量秋季最高。厚壳贻贝含有谷氨酸、天冬氨酸、甘氨酸和丙氨酸四种呈味氨基酸，占总氨基酸含量的57.7%，所以其味道鲜美。

厚壳贻贝中的不饱和脂肪酸含量比较高，特别是EPA和DHA，占总脂肪酸含量的25.0%以上,适宜的脂肪含量使贻贝肌肉具有独特的鲜美风味和细嫩的口感。秋季是养殖厚壳贻贝的收获季节,厚壳贻贝达到理想的肥满度,产量高,价格实惠,其多不饱和脂肪酸含量较高。因此,每年8—10月是嵊泗贻贝的最佳食用季节,此时的嵊泗贻贝肉质肥美,外表光滑,入口细腻,犹如鹅肝,堪称绝味。

【安全监控】

贻贝是以藻类为主食的滤食性生物,体内组织易积累重金属、藻类毒素等有害物质,其食用安全问题一直以来都是关注的重点。尤其在赤潮发生期间,若其贝类毒素超标,则会引发食品安全事故。

自2003年以来,我国农业农村部每年分季节组织开展沿海海水贝类生产区监测,采集贻贝,对大肠杆菌、菌落总数、铅、镉、铬、多氯联苯、石油烃、多环芳烃、麻痹性贝类毒素、腹泻性贝类毒素等十多项指标进行检测,按检测结果进行生产区划型管理。嵊泗县嵊山、枸杞、壁下、绿华等地是贻贝主要养殖产区,多次被划为一类贝类生产区(该区域的贝类可以直接生食)。

【美味佳肴】

贻贝是大众化的海产品,可以直接蒸、煮,也可以剥壳后与其他蔬菜混炒，味均鲜美。贻贝属低脂海鲜食品，老少皆宜。食用时，配以蘑菇、木耳、冬瓜等辅料煲汤煮粥，可以滋肾平肝。

菜名 贻贝冬瓜汤（图13-10）。

原料 贻贝、冬瓜、姜、葱等。

做法 将冬瓜去皮后切成小块，淡菜洗净后装盘备用，生姜切片。在锅中倒入少许油，加入生姜片爆香，倒入适量清水，把贻贝和冬瓜块逐一倒入锅中，中火煮3~5分钟，撇去浮沫。当贻贝口都打开，冬瓜熟至透明状后，加入少许盐，关火，撒入香葱段即可。

图13-10　贻贝冬瓜汤

菜名 淡菜山药滋补汤。

原料 淡菜、山药、豆腐、枸杞、葱、姜、高汤、黄酒等。

做法 淡菜干用清水和少许黄酒浸泡发软，时间2小时左右，然后冲洗干净。将豆腐切块，葱切片，姜切丝，山药去皮切条，放入淡醋水中浸泡以防止山药变黑。在锅中倒入少许油烧热，加入淡菜稍炒一会儿，再加入高汤、黄酒、白醋，大火煮开，下入豆腐、山药条，中小火煮20分钟左右。最后加入洗净的枸杞，煮5分钟左右，加入鸡精调匀即可。

十三 东海碧波俏夫人——嵊泗贻贝

菜名 冰爽黄瓜拌淡菜（图13-11）。

原料 淡菜、黄瓜、冰块、食盐、白糖、醋、芥末、蒜等。

做法 将淡菜烧熟后剥壳。将淡菜肉迅速在冰水中过一下，和切成滚刀块的去皮黄瓜拌在一起，将味汁（盐2茶勺、糖1汤勺、醋半汤勺、芥末和蒜末少许）倒在食材中拌匀即可。

图13-11 冰爽黄瓜拌淡菜

夏日里食用这道菜，清凉解暑，特别爽口。

十四 海珍美味西施舌——长街缢蛏

【产地环境】

宁波市宁海县位于长江三角洲南翼，全县面积1880平方千米，海岸线长176千米，海域面积275平方千米。宁海县东北濒象山港，东南临三门湾，背山靠海，西高东低，东部以低丘和冲积平原为主，属沿海低山丘陵地区，素有"七山二地一分田"之称。宁海县属亚热带海洋性季风气候，温暖湿润，四季分明，日照充足，雨量充沛，冬夏长，春秋短，水资源相对丰富。宁海县沿海一带多滩涂，养殖贝类有得天独厚的优势，当地所产缢蛏成为宁波海味特产之一。

缢蛏，又称蛏子，别名小人仙，是软体动物，属双壳纲、帘蛤目、竹蛏科。贝壳脆而薄，呈长扁方形，自壳顶到腹缘，有一道斜行的凹沟，故名缢蛏。宁海长街一带，面临三门湾，常年有大量淡水注入，海水咸淡适宜，饵料丰富，土质以泥沙为主，因而缢蛏生长快，个体大，肉嫩而肥，色白味鲜，故得名"长街缢蛏"（图14-1）。宁海县出产的长街缢蛏，个体大小均匀，贝壳完整，表面清洁，壳色呈浅黄色，壳表有黄绿色壳皮，条纹清晰，壳内壁有光泽。蛏对外界刺激反应敏捷，用手触摸，双壳闭合迅速。蛏肉色泽洁白鲜嫩,肥满度高,活体剥开后其肌肉富有弹性,足部乳白色呈半透明状;口尝肉质鲜嫩、微甜,具有独特的清香味,古人因其美味,称其为"西施舌"。

图14-1 长街缢蛏

【养殖历史】

宁海县缢蛏的养殖历史悠久,以长街的下洋涂出产的长街缢蛏最为有名,可追溯至宋代。早在宋代就有记载:"近则采螺蚌蛏蛤之属,以自赡给或载往他郡为商贾。"清光绪《宁海县志》中记载:"蛏,蚌属,以田种之谓蛏田,形狭而长如中指,一名西施舌,言其美也。"

20世纪90年代以来,随着科技兴渔工作的不断推进,宁海县的缢蛏养殖模式趋于多样化,有传统的平涂养殖,有新开发的滩涂蓄水养殖,滩涂低坝高网混养,海水池塘与对虾、青蟹、梭子蟹或海水鱼类混养,缢蛏已成为宁海县著名的特色产品和海水养殖的主导品种。2010年,全县缢蛏产量达到50488吨,占全县海水养殖产量的40%,长街缢蛏产量达到15283吨,约占全县缢蛏产量的30%。

2012年8月,长街蛏子被认定为国家农产品地理标志产品，其保护范围为东经120°38′18″～121°45′59″，北纬29°06′58″～29°13′10″，东西长12.25千米，南北宽11.86千米，保护面积为8100公顷。

2006年，长街镇敏锐地发现缢蛏养殖生产中蕴含的巨大商机和对发展地方经济的利好因素，尝试举办长街蛏子节（图14-2），带来了意想不到的效果。"长街缢蛏"飞出长街，出现在更多城市的饭店餐桌上，为当地蛏农带来经济效益。以节造势，长街缢蛏的知名度

图14-2　长街缢蛏节

越来越高。长街缢蛏多次获得各类农博会金奖，2010年更是被评为"浙江省水产品双十大品牌"（图14-3）。2011年5月，中

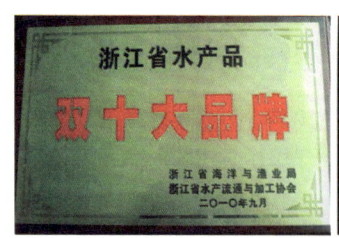 

图14-3　长街缢蛏获奖证书

国渔业协会授予宁海县"中国蛏子之乡"称号。2018年1月,"长街蛏子"获得生态原产地产品保护,进一步提升了品牌知名度和市场竞争力,彰显了长街缢蛏生态和原产地的核心价值。随着"长街缢蛏"原产地品牌效应的增强,长街缢蛏不仅畅销国内,经过加工包装,还远销法国、日本、缅甸等地。

【养殖生产】

长街缢蛏长得肥壮鲜嫩,除了拥有得天独厚的养殖环境优势之外,其规范的养殖技术也是保证其品质的原因之一。长街缢蛏蛏苗选自本地缢蛏自然保护区的优良品种,蛏苗苗种中间培育和养殖过程则严格按照DB33/T 504.1—2013《缢蛏 第1部分:养殖技术规范》执行。

1. 选好养蛏涂场

(1)选择风浪较小,潮流畅通,稍有淡水注入的中潮带海区作为养蛏涂场。

(2)海涂平坦,倾斜度小,大风季节涂面稳定,一般不会遭泥沙覆盖。

(3)涂质以泥质为佳(或稍有沙土),涂泥软硬适中,涂层结构严密,中间无孔洞和稀泥层,保水性能好。

(4)每年春、秋季节,涂面有硅藻类(俗名"油泥",一种黄褐色的浮游生物,是缢蛏的主要食物)附生繁殖,发生面积大,停留时间长,为缢蛏提供丰富的食料。

2. 建造模式蛏田

模式蛏田的优点是地势高、土层实、泄水快,有利于缢蛏穴居生活,又便于操作管理和清除敌害(图14-4)。

图14-4 模式蛏田

(1)蛏田形式。狭垄瓦背形,以利泄水。蛏田规格可根据涂面地形和潮流方向而定。蛏田全长50米,宽3米,间隔1米开挖1条排水沟,蛏田四周均开排水沟,沟宽20~25厘米,深15~20厘米。

(2)筑堤防浪。距蛏田上方30~40米处,需建造1条矮小的堤坝。这样可避免满潮时,潮流冲毁蛏田和夏天潮头水流进蛏田时烫死缢蛏。

(3)翻耕蛏涂。翻耕海涂是改良土质、消灭敌害、提高蛏苗潜穴率和散除土层内硫化氢等有毒物质的重要技术措施。这项工作要求在冬、春季或蛏苗播种前1~2个月内用翻涂机将蛏田全面深翻1~2遍,翻耕深度为40~50厘米,并将涂面耕平,建成规格化的模式蛏田。

3. 精心选运蛏苗

俗话说"苗好三分收"。蛏苗按繁殖季节有冬子、春子、夏子之分,以冬子体质最佳,成活率最高,春子次之,夏子最差。要挑选体质健壮、新鲜活泼的苗种,检验蛏苗优劣的方法为稍加摇动或用手拍击苗箩，蛏苗双壳紧闭并发出响声的为好苗。好的蛏苗总体要求为贝壳富有光泽，颗粒饱满（没有浸过淡水的苗），大小均匀，少碎壳及杂质。这样的蛏苗成活率高，通常可达到90%。

装运蛏苗要求做到轻装快运，力争在24小时内运至目的地，运苗应安排在晴天进行，气温以10～15℃为宜。尽量避免在雾天或雷雨天气运苗，给蛏苗造成危害。运苗前，应先将苗箩放入海水中浸泡30分钟，让其吐去泥质，利于蛏苗呼吸。另外，在运输过程中应用草席等物遮盖苗箩，防止日晒雨淋，这也是提高蛏苗成活率的有效方法。

4. 适时播种，合理密植

（1）适时播苗。要求清明前后播种结束，有条件的地区可提早播种。因此时气温低，运苗成活率高，同时可延长蛏苗生长期，以提高单位产量。

（2）合理密植。每亩蛏苗播种量应根据蛏苗个体大小、体质强弱、涂质肥瘦，以及涂面上硅藻繁殖情况而定。蛏苗播种量一般保持在每亩75～125千克，蛏苗规格为每千克3000～6000粒，这类蛏苗体质强壮，潜穴快，成活率高。

（3）提高播种质量。播种蛏苗应做到"播匀、播齐、播足"，不留死角。如发现漏苗，应及时补播，确保播种密度。

（4）蛏苗播种时间。播种蛏苗应在满潮前1小时内结束，否则潮来时，蛏苗会因来不及潜穴被潮流冲走而造成损失。

5. 加强涂间管理

（1）刚播下的蛏苗潜穴较浅，应有专人巡视涂面，加强涂间管理，防止人为践踏和鸟类啄食。

（2）及时疏通沟道，排除蛏田积水。要保证蛏田之间沟道相通，潮流畅通，涂面不积水，要求达到"潮来同是满，潮退同是干"，使蛏田表面不积水。这样既可减少敌害侵入蛏田，又可避免高温期发生蛏田积水而烫死缢蛏的事故。

（3）除敌害，保缢蛏。危害缢蛏的敌害有很多，主要为箭鳗、虾虎鱼、涂刺、青蟹和水鸭，应及时加以清除，确保蛏苗播种密度。全年坚持6次巡涂除害，分别在5—10月，每月全面彻底清除1次，达到"治早、治了"的目的。

6. 适时采捕

因缢蛏生长具有一定的规律性，适时采捕对实现缢蛏高产至关重要。缢蛏全年最肥壮的季节是在5月下旬至6月中旬，这时开涂采蛏，缢蛏质量好，产量高。

【营养风味】

缢蛏甘咸、性寒，肉质脆嫩、鲜美、清甜，具滋补、清热、除烦等功效。古代医书上记载："蛏肉性甘温补虚，烧煮食之驱胸中邪热烦闷。"

每100克长街缢蛏含有水分84.1克、蛋白质10.2克、脂肪1.93克、灰分1.88克、糖原0.94克，蛋白质和脂肪含量均高于普通缢蛏（蛋白质7.30克/100克、脂肪0.30克/100克）。

  研究表明，长街缢蛏含有丰富的氨基酸，在其软体组织中测出18种氨基酸，其中必需氨基酸8种，非必需氨基酸10种，必需氨基酸占总氨基酸含量的40.0%。根据FAO/WHO的氨基酸理想模式，长街缢蛏属于优质蛋白质来源。长街缢蛏所含呈味氨基酸占总氨基酸含量的49.2%，高于兰蛤（46.8%）、中国淡水蛏（46.7%），与南海珍珠贝肉相接近（48.3%），所以其味道鲜美浓郁。

  脂肪是加热生成香气成分不可缺少的物质，高含量的多不饱和脂肪酸能显著增加香味，同时在一定程度上反映出肌肉的多汁性。长街缢蛏含有21种脂肪酸，包括4种饱和脂肪酸和17种不饱和脂肪酸，在不饱和脂肪酸中，包括4种单不饱和脂肪酸和13种多不饱和脂肪酸。长街缢蛏中单不饱和脂肪酸占总脂肪酸含量的21.6%，多不饱和脂肪酸占总脂肪酸含量的46.8%，这也是长街缢蛏肉质鲜嫩、具有特有清香味的原因。此外，长街缢蛏中亚油酸和EPA含量较高，分别占总脂肪酸含量的2.67%和13.3%。

【美味佳肴】

  长街缢蛏味道鲜美，蛏肉富有弹性，口感鲜嫩、微甜，具有特有的清香味，营养均衡，非常适合老人、小孩食用。

  菜名 清蒸缢蛏（图14-5）。

  原料 缢蛏、红椒、姜、葱、蒜等。

  做法 将缢蛏清洗干净，并准备好配料。在平底盘里铺上一层葱姜丝，铺上缢蛏，上面再铺上一层葱姜丝，均匀淋入2汤勺料酒。放入开水锅中大火蒸3～5分钟，时间按量的多少和火力大小而定，切勿蒸得过老。蒸好的缢蛏去掉表面蒸黄的葱姜丝，均匀地淋入蒸鱼豉油，撒上适量葱丝、红椒丝和蒜末，浇上适量冒烟的热油提香即可。

图14-5　清蒸缢蛏

菜名　萝卜缢蛏汤（图14-6）。

原料　缢蛏、白萝卜、鸡汤、葱、香菜等。

做法　将缢蛏洗净，放入淡盐水里浸泡2小时以去除泥沙，然后用清水冲洗干净。将白萝卜去皮，切成大薄片，再切成细丝。烧一锅开水，放入萝卜丝焯一下，捞出，以去除萝卜的辣味。将鸡汤烧开，放入萝卜丝煮软，再放入缢蛏煮熟，最后放入香菜末和葱花提味即可。

图14-6　萝卜缢蛏汤

十四 海珍美味西施舌——长街缢蛏

菜名 爆炒缢蛏（图14-7）。

原料 缢蛏、姜、葱、红椒等。

做法 将缢蛏放入清水中浸泡，加入食盐，让其吐尽体内的泥沙后，用刷子把壳刷洗干净备用。将香葱清洗干净后切成葱花，生姜切成碎丁粒状，红椒切成较小的丁粒状。在锅中倒入适量的食用油加热，倒入生姜粒爆香。放入缢蛏炒4～5分钟，加入适量食盐，炒缢蛏的时间不宜过短，炒缢蛏时火不要开得太大。缢蛏快出锅前加入香葱和红椒翻炒，红椒入锅后翻炒几下即可。

图14-7 爆炒缢蛏

菜名 盐焗缢蛏（图14-8）。

原料 缢蛏、花椒、香叶、八角等。

做法 将洗好的缢蛏放到清水里，撒上少许海盐，再滴几滴麻油，静置2个小时，以便让缢蛏能够尽快吐沙，再在处理好

图14-8 盐焗缢蛏

的缢蛏背后划一刀,用厨房用纸吸干其表面的水分。在平底锅中倒入一包海盐,加入少许花椒、香叶、八角,小火翻炒片刻。待盐略微泛黄,花椒香味溢出时,将香料捞出。将缢蛏开口朝下放在海盐上,盖上锅盖,大火加热30秒后再焖10分钟即可。

藻 类

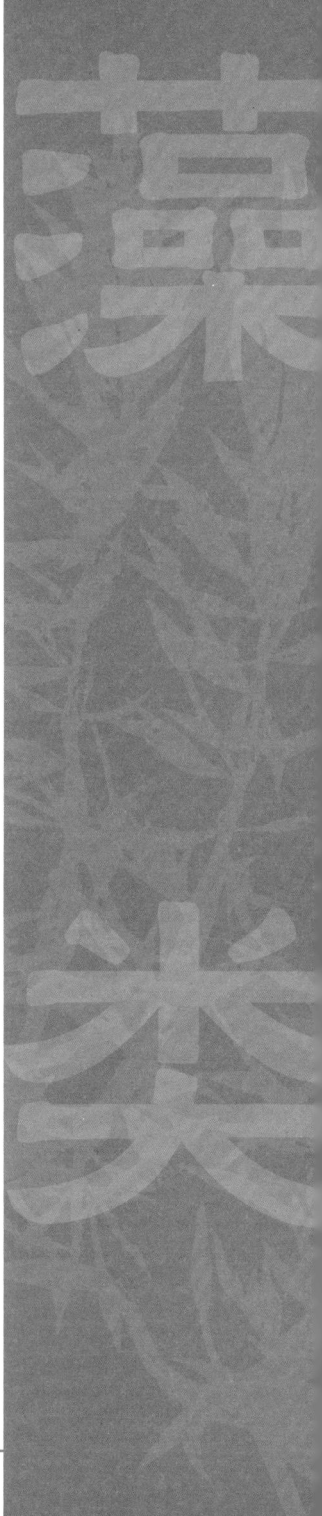

十五　海岛洞头金名片——洞头羊栖菜

【产地环境】

温州市洞头区地处浙江东南部,是全国14个海岛县(区)之一,是浙江省重要渔场。洞头区拥有792平方千米的蓝色海域,浅海滩涂资源十分丰富,10米等深线以内浅海26.6万亩,孕育了全国唯一的羊栖菜养殖加工出口基地(图15-1)。洞头属亚热带海洋性季风气候,温暖湿润,年平均气温17.5℃,年平均降雨量1319.4毫米,年总日照1932小时,四季分明,冬暖夏凉。羊栖菜生长对海水盐度适应范围较广,适宜温度为18~22℃。洞头海域开阔,水质良好,其潮汐、盐度、温度、日照等环境因子十分适合羊栖菜生长。

图15-1　洞头羊栖菜养殖区

羊栖菜(*Hizikia fusifarme*),属褐藻门、墨角藻目、马尾藻

图15-2 羊栖菜

科,别名鹿角尖、羊奶子、海大麦,是一种暖温带性的经济藻类(图15-2)。羊栖菜具有较高的食用和药用价值,深受消费者的青睐,被誉为"长寿菜"。羊栖菜藻体呈黄褐色,肥厚多汁,生命力强,株高一般为25~30厘米,长可达2米。

洞头羊栖菜养殖面积、产品产量和加工出口量均占全国的95%以上。2003年,洞头区获得"中国羊栖菜之乡"的美誉。如今,羊栖菜养殖已成为洞头海水养殖特色主导产业,羊栖菜也成了洞头老百姓的"富民菜"和"长寿菜"。

【养殖历史】

洞头海岛野生羊栖菜分布较广,大多生长在低潮带的岩石上,在饥荒年代,人们采撷羊栖菜用来充饥。因为人们不清楚羊栖菜所具有的营养价值和保健功效,所以一直没有好好利用它。直到1982年,洞头复员军人吕子远在机缘巧合之下得知日本有食用羊栖菜的习惯,日本客商需要征订羊栖菜,人们才开始开发利用羊栖菜。1988年,洞头列岛在国内率先开展了对羊栖菜的探索式栽培生产,当年栽培就获得成功,产出的3吨高质量干品直接出口至日本，受到了外商的高度好评。2002年，洞头引进韩国羊栖菜苗种进行试养，取得成效后于2004年起进行推广应用，并被浙江省海洋与渔业局列为省级优质高效水产养殖示范基地。

洞头海域水体交换畅通，透明度较好，淡水注入少，盐度长期保持在22.4‰以上。羊栖菜生长季节集中在每年3月中旬至7月上旬和9月中旬至12月下旬。前一阶段，春末发生的再生苗（简称春苗）以幼苗的形式度夏；后一阶段，秋末发生的再生苗（简称秋苗）数量大，是翌年主要的种群组成，其通过营养繁殖依靠基部的假根产生再生苗。羊栖菜海上筏式养殖的生长盛期在5—6月和10—11月。养殖工人在11月放苗，日常做好整理筏架、平整根系和苗绳、除去大型杂藻和敌害生物等管理工作。收获季节根据水温而定，一般达到28℃后，提早使增重速度变慢，遇到好天气即可收获。

经过对羊栖菜几十年的悉心培育与研究，洞头区积累了丰富的养殖经验，组织制定了浙江省地方标准DB33/T 477—2012《羊栖菜养殖技术规范》。当地养殖面积基本保持在1.3万亩~1.5万亩，约占海水养殖总面积的30%，年养殖产量7000~9000吨，年产值4000万元~6000万元，分别约占年海水养殖总产量、总产值的50%和30%。除了自身食用和出口之外，聪慧的洞头人还将新鲜的羊栖菜腌制加工，开发成即食羊栖菜、羊栖菜酱、羊栖菜饮料等食品，经过这些工序处理的羊栖菜便于运输和保存，即便远隔千里，在食用时也能感受到海风的咸腥和海味的鲜香。

洞头羊栖菜产业得到了蓬勃发展，人工繁育和养殖加工技术达到国内领先水平。洞头羊栖菜先后获得国家地理标志证明商标（图15-3）、有机产品认证和浙江省名牌产品等荣誉。随着与之相关联的种苗培育、产品加工、市场销售等领域不断突破和发展，羊栖菜生产链逐步延伸，产业化水平不断提高，洞头已成为全国最大的羊栖菜养殖、加工、出口基地。

图15-3　洞头羊栖菜地理标志证明商标

【营养价值】

每100克羊栖菜含有蛋白质15.4克、脂肪0.69克、膳食纤维40～60克；按干基计，每100克羊栖菜含有钙2100毫克、钾980毫克、镁1070毫克、碘258.3毫克、磷100毫克、铁55毫克，是一种低脂肪、低热量、高蛋白、高膳食纤维和矿物质元素丰富的天然海洋健康食品。

《本草纲目》和《神农本草经》等古籍均对羊栖菜的药用价值进行了记载，羊栖菜性味苦、咸、寒，具软坚散结、利水消肿、泄热、化痰等功效。

羊栖菜含有18种氨基酸，包括8种必需氨基酸，氨基酸比例基本合理，符合人体氨基酸模式，是一种良好的植物蛋白源。羊栖菜脂肪酸含量与陆生植物不同，其中花生四烯酸含量高达16.4%，还有4.40% EPA和少量DHA。

羊栖菜中碳水化合物的主要功能成分为海藻多糖，包括硫酸酯多糖、褐藻淀粉、褐藻糖胶和褐藻酸。羊栖菜中脂溶性和水溶性两类维生素在种类和数量上均较丰富。羊栖菜还含有丰富的膳食纤维。膳食纤维能在消化道中吸水膨胀，连同消化道中其他"废物"形成柔软的粪便排出，缩短了有害物质在大肠中的停留时间，减少这些物质对肠道的刺激。

羊栖菜富含钙、钾、钠、镁、铜等矿物质元素，碘含量也较高，是缺钙和缺碘人群膳食补充的较好选择。此外，硒是洞头羊栖菜中一种特殊的营养成分，在我国其他海域及日本、韩国产的羊栖菜中均未检出。

【加工产品】

羊栖菜前期原藻主要用于鲜菜蒸煮后盐腌，或直接冷藏加工成即食羊栖菜产品；后期作为终端产品的原藻收获时，晒干用于加工干品。

（1）羊栖菜干品（图15-4）。

羊栖菜干品主要工艺流程：原料→清洗→脱腥→干燥→风选→色选→目选→磁选→静电去杂→金属检测→杀菌→干燥→质

图15-4 羊栖菜干品

检→计量→包装→成品。干品易于保藏运输,可以作为保健品的优质原料。日常食用时,只要浸泡复水后就可以与其他食品炖、烧、炒,制成美味可口的不同类型的羊栖菜食品。

(2)即食羊栖菜(图15-5)。

即食羊栖菜主要工艺流程:原料→挑选→切段→脱盐→脱砷→保脆→调味→真空包装→杀菌→冷却→检验→成品。羊栖菜原藻经清洗、沸水浸泡后,加食用酸或辣直接食用,或和其他食品凉拌,制成可口的羊栖菜即食食品。在收获季节,将羊栖菜原藻脱水,在冷库长期保存,作为即食羊栖菜的原料来源。

图15-5 即食羊栖菜产品

(3)羊栖菜粉(图15-6)。

羊栖菜粉主要工艺流程:原料→挑选→冰醋酸浸渍→切碎→烘干→粉碎→过筛→成品。羊栖菜粉可作为食品添加剂,用于制作羊栖菜蛋糕、饼干、面条,以补充该类食品中的多糖、维生素、矿物质等营养成分;也可与不同乳粉(全脂、低脂、脱脂)

图15-6 羊栖菜粉

复合，配以其他营养成分，制成的羊栖菜乳粉适合各种人群，具有保健功效；或直接加工成胶囊，以供中老年和有特殊生理需求的人群作为保健食品食用。

（4）羊栖菜调味品（图15-7）。

羊栖菜调味品主要工艺流程：原料挑选→清洗→破碎→络合脱砷→加压蒸煮粗滤→滤渣拣选→调配→包装→杀菌→冷却→外包装→喷码→检验→装箱→入库。以羊栖菜为主料，经调味可制成酱、调味精粉和汤料等调味品。以酱为例，可制成羊栖菜大豆酱等，作为面包、馒头的酱料，取代黄油、奶酪等制品。

图15-7　羊栖菜拌饭酱

（5）羊栖菜休闲食品。

羊栖菜休闲食品有羊栖菜调味纸片食品、羊栖菜多元化彩色营养颗粒食品等，适合青少年补充营养，又可满足旅行、矿山作业、野外作业等人群对蔬菜食品的需要。但这些开发目前仅限于实验室理论研究，市场上几乎未见商业产品，这体现了羊栖菜开发利用的巨大潜力。

【美味佳肴】

我国沿海民间自古就有食用羊栖菜的习惯,南北风味,各具特色。在温州沿海一带,有清炒羊栖菜、羊栖菜煮豆腐、羊栖菜炒鸡蛋等特色菜肴。

图15-8　清炒羊栖菜

菜名　清炒羊栖菜(图15-8)。

原料　即食羊栖菜、蒜、辣椒、葱等。

做法　炒之前需要先用清水将羊栖菜浸泡一下,大概20分钟,中途多换几次水,以去除其自带的盐分及杂质。将泡软之后的羊栖菜切段备用。在锅中倒入少许油,加入葱、大蒜、辣椒爆香,倒入羊栖菜翻炒,再加入料酒、少许酱油(调色提鲜,羊栖菜本身自带一点咸味,不用放盐)、少许味精、醋。最后加入葱花即可。

菜名　羊栖菜煮豆腐(图15-9)。

原料　即食羊栖菜、豆腐、葱等。

做法　将豆腐切块。加热炒锅,用生姜擦锅底面,倒入油,将豆腐煎至四面金黄,捞出待用。锅中剩点底油,放入羊栖菜翻炒一

十五　海岛洞头金名片——洞头羊栖菜

下，加清水，下豆腐。水开后，倒一点生抽，中小火烧至汤汁见少，转大火收汁，撒上香葱段即可。

菜名　羊栖菜炒鸡蛋（图15-10）。

图15-9　羊栖菜煮豆腐

原料　即食羊栖菜、鸡蛋、葱等。

做法　将鸡蛋打散打匀，再将羊栖菜和小香葱花加到鸡蛋液中搅拌均匀，锅烧热后倒入油，待蛋液两面煎成金黄即可出锅，切块装盘。

图15-10　羊栖菜炒鸡蛋

十六　海洋牧场长寿菜——苍南紫菜

【产地环境】

温州市苍南县位于浙江沿海最南端，因地处玉苍山之南，故名苍南。它是浙江省十个重点渔业县之一，有着丰富的海洋与渔业资源。苍南县属中亚热带季风区，气候温和，年平均气温17.9℃，年平均降水量1670.1毫米。全县海域面积2820平方千米，海岸线长227千米，境内沿浦湾和大渔湾潮流通畅，内湾受台湾暖流与沿海江流交汇，锋面发达，海域底质为沙泥底，水质富含氮、磷。海水和淡水的融洽汇合，营养与阳光的完美调配，得天独厚的生态条件为苍南紫菜提供了理想的生长环境，也赋予其独特的风味（图

图16-1　苍南紫菜养殖基地

十六 海洋牧场长寿菜——苍南紫菜

16-1)。

苍南县坛紫菜产量高，质量好，是浙江省坛紫菜的主要产区，年产量约占全省的1/4，是名副其实的紫菜生产大县。

紫菜（*Porphyra*）是生长在浅海岩礁上的一种红藻类植物，广泛分布于寒带到亚热带的潮间带之间。《食疗本草》中记载："紫菜生南海中，正青色，附石，取而干之则紫色。"紫菜干燥后均呈紫色，又可做菜吃，所以取名"紫菜"。紫菜是暖温带性大型经济海藻，人工养殖品种包括坛紫菜（图16-2）和条斑紫菜（图16-3）。苍南海区养殖的坛紫菜，藻体肥实，质地嫩柔，口感细腻，味道鲜美，具备适应能力强、生长速度快和产量高等特点。紫菜不仅是海洋生态系统的初级生产者，且对氮、磷具有很强的吸收能力，在提高自身经济价值的同时，降低海水富营养化程度，在修复海洋生态系统中扮演了重要的角色。

2003年，苍南县被中国优质农产品开发服务协会授予"中国紫

图16-2 坛紫菜

图16-3 条斑紫菜

菜之乡"称号。2001—2005年，苍南紫菜连续5年荣获浙江省农博会优质农产品金质奖。2021年11月，苍南紫菜入选"浙江省特色农产品优势区"名单，同年12月，苍南紫菜获批国家地理标志证明商标，生产地域范围为苍南县的赤溪镇、大渔镇、霞关镇和沿浦镇。

【养殖历史】

苍南县紫菜养殖历史最早可追溯至20世纪70年代，经过50多年的发展，形成了独具苍南特色的紫菜产业格局。2014年，宁波大学和浙江省海洋水产养殖研究所以采自浙江渔山岛的野生坛紫菜为亲本群体，经连续4代选育而成的坛紫菜'浙东一号'，通过了国家水产原种和良种审定委员会审定，成为浙江第一个坛紫菜国家水产新品种。苍南紫菜主要养殖品种为坛紫菜'浙东一号'，其具有耐低盐能力强、存活率高的特点。

苍南以"168黄金海岸线"为轴线，打造赤溪、大渔、沿浦、霞关4个紫菜产业发展集聚区，推进总投资3.1亿元的紫菜产业发展示范项目建设，着力打造集紫菜精加工、技术研发、仓储冷链、大数据等功能于一体的现代化产业园区。2020年，全县紫菜养殖1500多户，行业从业人员2万余人，加工企业51家，紫菜养殖面积5.83万亩，年产量3.15万吨，年产值8.6亿元。每到紫菜收获季，苍南的各海湾就会格外热闹壮观。数以万计的竹竿井然有序地插在海面上，支撑起一排排紫菜养殖网帘。这片5万余亩的"海上农场"，贡献了全国紫菜产量的15%，推动了紫菜产业发展提档升级。

十六 海洋牧场长寿菜——苍南紫菜

【养殖模式】

苍南紫菜养殖早期使用竹帘养殖,这种养殖方式不仅劳动强度大而且产量较低。经过几十年的技术革新,养殖生产模式不断改进,先后创新挂壳育苗、深水插杆、机械收割等一系列先进技术,养殖产量得到了快速增长,产业发展也走在了浙江省的前列。

目前,苍南紫菜最为成熟、使用最广的养殖方法是紫菜插杆浮筏式养殖(图16-4)。插杆式养殖筏架一般由插杆、浮筒、缆绳、浮梗、吊绳、桩六部分组成(图16-5)。首先在岸上把浮筒固定在浮梗上,用以撑系网帘,浮筒与浮筒平行排列,然后拖到预定海区,由缆绳拉紧将筏架固定在海区的桩上,接着在浮梗两边各设置插杆,杆上部绑上吊绳,以调节筏架离水距离。条帘是紫菜附着的基质,一般采用聚乙烯丝混纺为绳,再由42~48条绳平行编织成4米×3.5米的条状网帘。

与传统的半浮动式栽培相比,插杆式养殖不仅扩大了栽培海区,使得低潮区滩涂也可以进行养殖,同时减轻了劳动强度,可以通过人工调节吊绳的长度,灵活控制筏架离水距离,方便清除杂藻和控制

图16-4 紫菜插杆浮筏式养殖

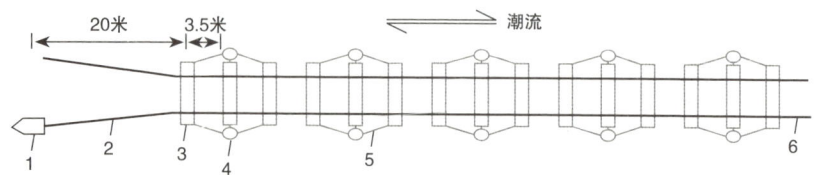

1. 桩；2. 浮梗；3. 浮筒；4. 插杆；5. 吊绳；6. 缆绳。

图16-5 插杆浮筏式养殖设施示意图

紫菜干出时间。

紫菜一般采用海上泼孢子水法进行采苗，时间以白露后秋分前的大潮期较佳，海区选择在中潮区。紫菜养殖一般在每年9月上旬附苗，11月中旬至翌年1月上旬，天气一般较为晴好，水温低且光照强度大，紫菜生长最为旺盛。采壳孢子苗后40～50天，当苗帘上的藻体长到20～30厘米时，即可进行采收。11月中旬开采，每隔7～10天收1次（图16-6）。头次采割的紫菜，俗称"头水"紫菜，其后依次叫"二水""三水"和"四水"。

头水紫菜品质最佳，其蛋白含量较高，易溶度较好，质地柔软而富有弹性，口感鲜嫩且带有甜味，而且叶绿素、藻胆蛋白含量较

图16-6 紫菜养殖和收割

高，加工后往往呈黑紫色并富有光泽。随着生产周期的增长，紫菜原藻日渐成熟，从营养生长过渡到生殖生长，蛋白质逐渐减少，细胞壁不断增厚，碳水化合物逐渐增加，其颜色、光泽、营养、口感皆比不上前期紫菜，营养价值有所降低，弹性和韧性也变差。一般"四水"以下紫菜不宜食用。

【加工产业】

从海上采收的新鲜紫菜不易保存，需要经晾晒制成紫菜干（图16-7）。最原始的加工制作工艺，是把紫菜运到山上岩石处晾晒，经过淡水清洗，不断搅拌，直至紫菜不打结块，再利用手臂的力量将紫菜甩到岩石上，形成一层薄薄的"紫菜被"，再经阳光暴晒和海风吹干使其变干燥，但这种靠天晒菜的加工方式已经无法满足日益增长的生产需要。

图16-7 紫菜自然晾晒

紫菜养殖周期虽然只有4个月，但正值冬季，在这期间菜农设架、放苗、培育、割菜，大部分都是半身浸在海水中人工作业的，其艰辛程度可想而知。若遇到高温、水流不畅通等因素影响，紫菜叶状体会腐烂，严重时全海区的紫菜均会腐烂，收成全无。收获期，鲜菜会被菜农拿到自家作坊进行加工或被收购至工厂制成干紫菜。菜农一般在每天日未出时就下海割菜，收割后，经过"三洗二干"，当天将紫菜晒干，这样才能生产出品质上佳的紫菜干。"三洗"，即第一次在海水中洗干污泥，再洗两次淡水，使叶状体变清淡。"二干"，一是指干净除杂，二是再用脱水机脱水易于晒干。

苍南县引进了紫菜产品的自动化加工生产线，替代原有的人工操作，改变了原先低效率的生产模式。紫菜清洗、分离杂质、切碎压扁、脱水烘干、剥离分级、二次烘干、干紫菜成品储存，实现全程自动化。苍南县不断进行紫菜加工研发，除了生产传统的干品圆饼紫菜和烤紫菜（海苔）等紫菜加工产品外，还研发生产了一些即食即用、营养丰富、安全可靠的食品供应国内外紫菜市场，比如紫菜酥、紫菜酱等。

根据国家标准GB/T 23597—2009《干紫菜》中关于干紫菜品质要求的规定，坛紫菜干表面应呈褐色或黑褐色。干紫菜表面的颜色、光泽除了受到加工因素的影响外，主要由原藻中光合色素的含量和比例所决定。优质紫菜原料中光合色素含量丰富，呈黑褐色，在55～60℃的温度下烘干紫菜，制作成紫菜饼，其颜色保持黑褐色；经130～160℃烘烤的海苔片，则藻红蛋白会因高温有所降解，所剩的叶绿素使其呈现青绿色。由末水紫菜原料制成的紫菜饼，颜色则多呈黄褐色或浅黄色，品质较低。

近年来，苍南县聚焦紫菜产业数字化发展，在紫菜精深加工、文化旅游和休闲渔业等方面做深紫菜"产业＋"文章，探索推进紫菜生产、经营、管理服务全产业链模式，实现紫菜产业数字化、标准化管理。目前，苍南县已经拥有一套完整的产前、产中、产后的产业链,先后建成1500亩市级紫菜现代养殖园区,1.2万亩省级现代化优质高效紫菜养殖示范园区。通过品牌宣传和体系建立,着力打造了一批优秀的区域品牌(图16-8)。

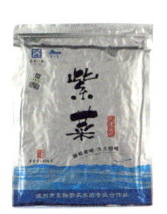

图16-8　本土品牌紫菜干

【营养价值】

紫菜营养丰富,是一种典型的高蛋白、低脂肪、低热量、富含无机元素和维生素的天然海藻功能食品,含有人体必需的氨基酸、脂肪酸、维生素、胡萝卜素和碘、磷、钙、铁、锌、锰等多种矿物质营养元素,被称为"长寿菜""神仙菜"和"维生素宝库"。

头水苍南干紫菜成分研究显示,每100克头水苍南干紫菜含有碳水化合物48.3克、蛋白质28.2克、钙352毫克;其脂肪含量较低,每100克干紫菜含有脂肪0.90克左右。头水苍南干紫菜还富含谷氨酸、丙氨酸、甘氨酸等多种呈味物质,味道鲜美,使紫菜成为餐桌上的传统佳肴汤料。

【养生食疗】

我国利用紫菜作为药物的历史源远流长。北魏贾思勰的《齐民要术》和明朝李时珍的《本草纲目》中均有关于其功效的记载,"紫菜主治热气,瘿结积块之症,瘢瘤脚气者宜食之,性味属甘、咸、寒,有化痰软坚、清热利尿、补肾养心之功效"。紫菜还含有优质的膳食纤维,可促进肠胃蠕动和排毒。

> 膳食纤维能在消化道中吸水膨胀,刺激和促进肠蠕动,连同消化道中其他"废物"形成柔软的粪便,使之易于排出,降低大肠内的压力;可以有效预防便秘、痔疮、肛裂、结肠息肉等,同时,缩短了代谢产物及有害物质在大肠里的停留时间,减少这些物质对肠道的刺激。

紫菜还含有一定量的甘露醇,甘露醇是一种很强的利尿剂,所以紫菜可作为治疗水肿的辅助食品。因紫菜性寒,消化功能不好的人建议少食,脾胃虚寒、腹痛便溏者忌食。

【美味佳肴】

苍南紫菜干外表具有光泽,其藻体大而薄,光泽度高,口感细腻鲜嫩,爽脆味美,无泥沙杂质,带自然海藻清香。将它配以虾皮、麻油,冲开水作汤,可以增强食欲;将它撕成丝状,炒菜、煎蛋或作为馄饨的调味品,清香留唇;将它切成小方块,用来制作饭团,味道鲜美。

菜名 紫菜虾皮蛋汤(图16-9)。

十六 海洋牧场长寿菜——苍南紫菜

原料 干紫菜、虾皮、鸡蛋、葱等。

做法 将虾皮、紫菜分别泡发,去杂洗净。将鸡蛋打散备用。在锅内倒入适量清水烧沸,加入虾皮、紫菜,烧沸,加入精盐、味精、葱花调味,倒入鸡蛋搅拌成蛋花,淋入麻油即可出锅。

图16-9 紫菜虾皮蛋汤

菜名 凉拌紫菜(图16-10)。

原料 紫菜、葱、蒜、辣椒等。

做法 将紫菜泡发,沥干水分。将紫菜、姜末、蒜末倒入较大的容器中,加入白糖、醋、生抽、盐,搅拌均匀静置一边。将锅烧热,倒入油,放入葱白、辣椒煸炒出香味,倒在紫菜上即可。

图16-10 凉拌紫菜

菜名 香烤紫菜酥(图16-11)。

原料 紫菜、麻油、白芝麻等。

做法 将无沙紫菜剪成小块，将其放入一个较大的容器中，加入麻油、白芝麻、盐拌匀。将混合好的紫菜均匀铺在烤盘上，放入烤箱烘烤15分钟，取出后放凉即可。

图16-11 香烤紫菜酥

菜名 紫菜包饭（图16-12）。

原料 紫菜、胡萝卜、黄瓜、火腿、蛋、米、白芝麻等。

做法 将鸡蛋打散，煎成蛋饼。将蛋饼、胡萝卜、黄瓜、火腿切条，在米饭中加入适量的醋、糖、盐拌匀。取竹帘，放上一片烤紫菜，再将米饭均匀地压实在紫菜上，铺上黄瓜、胡萝卜、鸡蛋、火腿条，将竹帘卷紧后取出竹帘，将紫菜包饭切成合适的大小即可。

图16-12 紫菜包饭

加工产品类

十七　粒粒珍馐赛黄金——衢州鲟鱼子酱

【食用历史】

鱼子酱，特指由鲟鱼卵轻微盐渍而成的珍稀食材，作为顶级盛宴的首选，与鹅肝、黑松露并称世界三大顶级美食（图17-1）。鱼子酱卵汁较稠，有浓郁的香味，上等的鱼子酱色泽透明清亮，微微泛着金黄的光泽，产量稀少且价格昂贵，有"黑色黄金"的美称。公元前4世纪，亚里士多德曾留下一句话："鱼子酱仅为皇家和贵

图17-1　鱼子酱

族独享之物,是身份和荣耀的象征。"

人类食用鱼子酱历史已经超过2000年。古希腊人将其视为宴会上最奢华的珍馐,欧洲人从古至今对鱼子酱都尤为喜爱。在中国,鱼子酱属于舶来品,最早由外国人和早年间在海外留学的海归带入中国。鱼子酱产量稀少且价格极高,野生鱼子酱最负盛名的产区是伊朗和俄罗斯接壤的里海。2000年,官方明令禁止捕捞野生鲟鱼,国际市场鱼子酱供不应求。同年,浙江开始人工养殖鲟鱼,开启了生产鱼子酱的先河。

【产地概况】

浙江省鲟鱼养殖已历经20多年。随着鲟鱼人工繁殖的成功和养殖技术的推广,浙江鲟鱼养殖业发展迅速,并逐步在衢州一带形成了鲟鱼加工产业优势集结区,现有鲟鱼繁育、养殖、加工企业几十家(图17-2)。世界第一规模的鲟鱼加工中心,全球最大的人工养殖鲟鱼子酱加工中心,就坐落于衢州市柯城区乌溪江畔。

图17-2 衢州鲟鱼养殖

乌溪江为衢江一级支流,发源于闽、浙交界的仙霞山脉,源头水质常年保持在国家地表水一级标准(图17-3)。常年有上游乌溪江水库发电流水,流量达每秒51立方米,水

十七　粒粒珍馐赛黄金——衢州鲟鱼子酱

图17-3　衢州乌溪江

质指标优于渔业水质标准，为国家一级水资源。鲟鱼为亚冷水性鱼类，喜栖息于寒带和温带盐度较低的水体中。乌溪江水温常年保持在26℃以下，非常适合鲟鱼生长。

【品牌打造】

2005年，衢州鲟龙水产食品科技开发有限公司创立了我国第一个鲟鱼子酱自主品牌"卡露伽"（Kaluga Qween），开创了我国人工养殖鱼子酱出口创汇先河。自此，鲟鱼子酱成为带动浙江外贸经济发展的又一匹"黑马"。"卡露伽"先后获得"中国农产品品牌博览会优质农产品金奖""浙江省著名商标""浙江省出口名牌"等荣誉，于2016年成为G20杭州峰会的鱼子酱供应商。

2021年，"卡露伽"鱼子酱产销约169吨，位居世界第一，鱼子酱品质在国际同类产品中名列前茅，主要销往法国、德国、瑞

171

士、卢森堡、西班牙、美国、日本等国,鱼子酱出口量约占国际市场的35%。鱼子酱占国内市场的比例达到80%。

得天独厚的优质自然水源、科学的养殖生产管理和卓越的加工工艺,使得衢州生产的鱼子酱品质绝佳,新鲜饱满,吃到嘴里有点淡淡的海洋气息,回味香醇甘美,可以与野生鱼子酱相媲美,得到全球越来越多的餐饮行业和消费者的喜爱。

【养殖模式】

只有健康优质的鲟鱼才能产出品质上佳的鱼卵。衢州鲟鱼养殖一般采取设施化养殖方式,该模式对养殖技术和操作管理要求较高。科学的管理方式使得鲟鱼的养殖环境健康可控,养殖生产高效优质。目前,鲟鱼设施化养殖主要以生态环保网箱养殖和陆地流水池塘养殖为主。

生态环保网箱养殖模式(图17-4)主要适用于1~6龄鲟鱼养殖,该年龄阶段为鲟鱼的生长期。该模式模拟鲟鱼生长自然条件,将网箱建在大水面上,底部安装集污设施,充分的水交换和丰富的溶解氧为鲟鱼提供了舒适的生长环境,实现鲟鱼快速生长。配套科学的饲料喂养管理体系,充分保障了鲟鱼的卓越品质。

图17-4　鲟鱼生态环保网箱养殖模式

陆地流水池塘养殖模式（图17-5）主要适用于高龄怀卵鲟鱼的精细化养殖，提高养殖成活率。该模式一般分设上半区和下半区，在上半区引入优质水源后，养殖用水通过场内的大型过滤池，将残饵及粪便滤除，滤出水进入下半区内进行再次循环利用，较传统的流水养殖节水率可达100%以上。衢州养殖基地水质优良，适宜亲鱼生长发育。流水的刺激和特别的营养供给为鲟鱼性腺发育提供了条件，使原料雌鱼的性腺得到了充分的发育。

图17-5　鲟鱼陆地流水池塘养殖模式

【产品工艺】

品质上佳的鲟鱼子酱是自然馈赠与当代技术的珠联璧合之作。从鱼卵到美味的鱼子酱，离不开精湛的加工工艺。鲟鱼子酱的加工工艺中，保鲜是关键，对温度、时间等参数的控制要求非常严格。首先，将活鱼暂养在冰水池中，致使鱼体温度下降，使腹内鱼卵硬化，降低鱼体反应度，最大程度保持鱼卵的新鲜度。随后在低温环境下，15分钟内快速、稳定、精确地完成取卵、卵巢分级、取子、漂洗、挑选、腌制、沥干、晾晒、包装、成品贮藏等十多道工序，从而达到锁水保鲜的要求（图17-6）。

评定等级是个技术活，不同等级间的鱼子酱价格差异很大。需

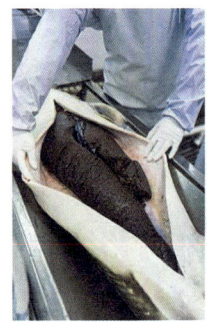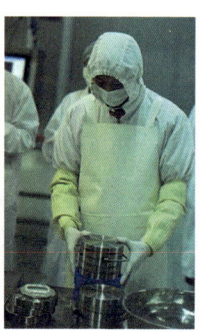

图17-6 鲟鱼子酱加工

要一位经验丰富的鉴定师傅用嗅、尝、看、摸等方式，依据鱼卵的大小、色泽、坚实程度、聚散密度、气味来评定等级。还有一个最关键的环节，就是给鱼卵拌盐。在短短几分钟内，需要通过手指感觉到鱼卵的弹性，看鱼卵产生的变化，判断拌盐时间。如果搅拌不足，盐分跟鱼卵的接触不够均匀，盐分就不能被鱼卵充分吸收，鱼卵的香味就不会被腌渍出来；如果时间过长，鱼卵就会破卵，失去弹性。

鱼子酱粒径一般为2.8～3.2毫米，不同品种的鱼子酱颗粒大小有所差异。鱼子酱终端零售市场价格昂贵，不同品种、不同生长年份的鱼子酱，价格差异较大。一般来说，年龄越大的鲟鱼产出的鱼卵品质越好，价格也越高。目前，衢州鱼子酱品种主要有杂交鲟、俄罗斯鲟、史氏鲟、西伯利亚鲟、达氏鳇和欧洲鳇鱼子酱，其中，杂交鲟、史氏鲟和达氏鳇鱼子酱为我国特有的鱼子酱品种。

【品质溯源】

衢州市柯城区于2017年被国家标准化管理委员会确定为国家级鲟鱼标准化示范区。其鱼子酱加工流程严格按照HACCP管理体系操作，符合严格的国际卫生标准，从源头上保证了鱼子酱的优良品质。同时，柯城区建立了完善的鱼子酱质量可追溯体系，每罐鱼子酱赋有唯一的产品二维码，从养殖环节开始便对鲟鱼进行现代化的信息采集，与全球领先的一物一码智能营销和大数据服务云平台合作，确保每批鱼子酱都可以通过二维码获取详细的产品信息，并能追溯其母体鲟鱼的养殖信息、产品加工信息、质检报告等内容。衢州鲟龙水产食品科技开发有限公司主持起草的浙江制造团体标准T/ZZB 0562—2018《鲟鱼子酱》，规定了鲟鱼子酱产品的术语和定义、要求、试验方法、检验规则、标签、标志、包装、贮存和运输等内容，为鲟鱼子加工产业的健康发展提供了支持。

【营养价值】

鲟鱼子营养价值极高，含有丰富的优质蛋白（蛋白质平均占干物质含量的59%）、不饱和脂肪酸、必需氨基酸、维生素和矿物质元素，且胆固醇含量非常低，具有非常显著的保健功能。鲟鱼子含有17种氨基酸，在氨基酸组成方面优于FAO/WHO规定的理想模式，属于优质蛋白质，其中，谷氨酸含量最高，它不但是呈味氨基酸，而且是在脑组织的生命代谢和各种生理活性物质的合成中较为重要的氨基酸。鲟鱼子的脂肪酸组成中，对人类身体健康大有裨益的多不饱和脂肪酸含量最高，达39.3%，其中，EPA和DHA总量高达19.3%。早在17世纪，鱼子酱就成为欧洲贵族的顶级健康营养品。

【食用风味】

鱼子酱被美食家们誉为最细致优雅却又最能挑动味觉感官享受的食物，能够给予消费者以独特的味觉和感官效果。一小匙入口，无须牙齿咀嚼，舌头顶破卵壁，汁液在口中爆开，一股鲜美咸香的海洋味道攻上味蕾，口感醇厚，余味无穷。

鱼子酱口感的好坏和其品质有很大的关系。鱼子酱的挑选讲究一看、二闻、三品。首先是看外观，外观好的鱼子酱柔软圆润，颗粒完整饱满，色泽透明清亮，汁液黑中略带灰色或褐色，鱼卵破损，汁液黑中泛绿色或蓝色的则为次品（图17-7）。其次是闻气味，新鲜的鱼子酱味道清新，某些品种会有奶香或淡淡的黄油香气，如果有油腥味，可能是放置过久，不建议食用。最后是品口感，上好的鱼子酱咸香且伴有海鲜味，回味甘甜。

为保持较好的风味，鱼子酱的最佳保存温度为-2~2℃，保存时间不宜过久，一旦打开，应确保在1~2天内食用完毕，这样才能最大限度地发挥它的美味。

吃鱼子酱很讲究的人，将鱼子酱放在装着冰的小巧器皿里，使

十七　粒粒珍馐赛黄金——衢州鲟鱼子酱

图17-7　鱼子酱外观

其保持品质鲜美。盛装鱼子酱的器具也颇为讲究，贝壳、木头、牛角和黄金都是理想的选材之料。最大的忌讳是使用银质的餐具，银可能会破坏鱼子酱的口感。

品尝鱼子酱是一种纯粹的感官享受，大多数鱼子酱爱好者也并不只是追求饱腹，而是想要体验鱼子酱带来的至尊享受。因此，除了直接放入口中品尝之外，鱼子酱还可根据个人口味与不同的菜肴搭配。不论是经典的配上生奶油和烘烤的白面包，还是配以海鲜和果蔬，鱼子酱都能锦上添花，让食材的口感层次变得更加丰富。

【美味佳肴】

菜名 鱼子酱淮山（图17-8）。

淮山（山药）是现代人们比较喜欢的食材，在制作上除了保留淮山的原味外，还加入了牛奶和蜂蜜，口感更细腻，搭配鱼子酱，让口感层次更丰富。

图17-8　鱼子酱淮山

菜名 鱼子酱香葱牛肉（图17-9）。

牛肉煎后爆炒能锁住肉汁，口感细嫩，还带着浓郁的香葱酱汁，配搭鱼子酱，味觉层层递进，回味无穷。

图17-9　鱼子酱香葱牛肉

菜名 芙蓉蛋明虾球（图17-10）。

色泽碧绿的凉瓜和爽脆弹牙的鲜虾，搭配鱼子酱，不仅带来了富腴而饱足的味觉感受，从视觉上更给人怦然心动的感官体验。

图17-10　芙蓉蛋明虾球

十八　西施故里育珠玑——诸暨珍珠

【产地概况】

诸暨市位于浙江省中北部,长江三角洲南翼,曾是越国古都和西施故里。全球73%的淡水珍珠、全国80%以上的淡水珍珠都出自诸暨,可以说是"世界珍珠看中国,中国珍珠在诸暨"。山下湖珍珠生态示范区是诸暨市珍珠产业的核心区和优势区,拥有国内规模最大的珍珠交易市场"华东国际珠宝城"和"山下湖珍珠"区域品牌,山下湖镇因此被命名为"中国珍珠之都"(图18-1)。

图18-1　诸暨珍珠养殖

【历史渊源】

我国珍珠养殖的历史始于大禹时代。《海史·后记》中记载,大禹定"南海鱼草、珠玑大贝"为贡品;《尚书·禹贡》中记载,"河蚌能产珠,珠能饰人"。我国是最早发现和使用珍珠的国家之一,是当之无愧的珍珠古国。在中华文明五千年历史中,有关珍珠的文字记载历史长达4200年。自古以来,珍珠就是高贵的象征。封建社会的权贵们用珍珠代表地位、权力、金钱和尊贵的身份。随着历史的演变,越来越多人将珍珠看作是幸福、平安和吉祥的象征。珍珠以它温馨、雅洁、瑰丽的特质,为人们所钟爱,被誉为"珠宝皇后"。

珠玑与诸暨谐音,指的就是今天的诸暨,这也是诸暨地名的来源之一。诸暨不仅盛产珍珠,又是"西施故里",珍珠与中国四大美女西施(图18-2)浑然一体,素有"明珠射体孕西施"的传说。传说西施本是嫦娥珍爱的掌上明珠,光彩异常,命五彩金鸡日夜守护。一日金鸡偷偷把玩明珠,不慎将其滚落人间,连忙向人间追去。具有灵性的珍珠恰巧落入了浙江诸暨的浦阳江,看到此地风景秀丽,便不愿回去。当时正有一施姓农家之妻

图18-2 诸暨西施雕像

在江边浣纱，珍珠眼见金鸡追来，情急之下跃出水面，飞入妇人口中。施妻便从此怀下身孕。十六个月后，施妻分娩之时异常痛楚，其夫跪地祈求上苍。忽见五彩金鸡从天而降，停在屋顶，顿时屋内珠光万丈，施妻随之诞下一奇丽女子，即为西施。西施长大后，帮助越国打败吴国，化作珍珠留在人间，继续为黎民百姓的健康长寿、养颜美容做出贡献。"西施故里"诸暨，也得西施与珍珠之佑，世代养殖珍珠而驰名中外。

【养殖生产】

诸暨市当地珍珠养殖蚌种均为三角帆蚌（图18-3），俗称珍珠蚌。我省培育了三角帆蚌新品种'申紫1号'和'浙白1号'并推广生产，因其种苗质量高、生长速度快，大幅度提高了育珠质量。1年龄蚌体长可达50～70mm，2年龄蚌体长可达80～100mm，对2年龄幼蚌进行植珠手术操作，所育珍珠生长速度也较快；成年的三角帆蚌，体长为160～200mm，在其外套膜上插植2mm以上的大珠核，可培育出8mm以上的大型有核珍珠。

图18-3 三角帆蚌

我国传统淡水珍珠养殖多为培育无核珍珠（也叫常规珠），养殖周期3~5年，生产周期长，容易受到各种不确定因素影响，正圆形大颗粒珍珠比例低。淡水有核珍珠具有质量高、养殖周期短的优势。目前，有核珍珠养殖技术日臻成熟，养殖企业越来越多，养殖规模越来越大。诸暨珍珠养殖以有核珍珠为主，首先用厚贝壳为原料制成球形的珠核，然后选择养育了1年的未成年的小片蚌，切取它的外套膜，制作外套膜小片。随后把珠核插入植核母蚌的外套膜的结缔组织中，同时放一片外套膜小片，使表皮细胞的一面紧贴珠核表面，等细胞增殖包围珠核后，就形成珍珠囊，并不断围绕珠核表面分泌沉积珍珠质，久而久之，就形成大而圆的人工有核珍珠（图18-4）。

养殖技术创新是淡水珍珠养殖产业转型升级的重要推动力。诸

图18-4　诸暨淡水有核珍珠

暨珠养殖秉承着保护淡水湖泊生态系统的可持续发展理念，推广管网式自动投喂、工厂化循环等养殖模式，发展绿色生态化养殖。当地企业联合诸暨市水产技术推广部门技术攻坚，研发珍珠清水管网式精准养殖模式（图18-5），通过自动化管网式珍珠蚌供给投喂系统、悬浮式自动升降挂养装置和尾水处理装置等设施系统，实现"机器换人"，通过自动化专用设备输送室内配制的河蚌饵料，达到高精度投喂、高密度、高产能、零排放养殖。新型模式改变了传统珍珠蚌养殖向水体投肥培藻肥水的模式，避免了对水环境带来污染。目前，诸暨珍珠养殖区域水质达到Ⅳ类以上，每亩养殖河蚌密度由千余只提高至6000只。

图18-5　三角帆蚌清水管网式精准养殖模式

浙江省淡水水产研究所和珍珠养殖生产企业等单位相继制定了DB33/T 402.1—2019《河蚌育珠技术规范 第1部分：三角帆蚌苗种繁育》、DB33/T 402.2—2014《河蚌育珠技术规范第2部分：珍珠接种及育成技术规范》及DB33/T 402.2—2021《淡水珍珠蚌生态养殖技术规范》等多项浙江省地方标准，规范淡水珍珠养殖和育珠技术，引导养殖模式实现绿色转型，极大推动了诸暨珍珠产业的持续性发展。

【产业发展】

山下湖珍珠产业是浙江诸暨六大主导产业之一，起步于20世纪70年代，经过几十年的发展，现已走上规模化、集约化、专业化、国际化的发展道路，形成了以专业市场为龙头，加工企业为骨干，养殖基地为基础，先进科技为支撑，社会化服务相配套，集珍珠养殖、珍珠加工、终端销售等为一体的区域块状特色产业。

从第一代毛竹搭棚的原珠交易市场，历经五次升级换代，到如今国内外客商云集的华东国际珠宝城，诸暨山下湖镇的珍珠市场发展印证着诸暨山下湖人的坚毅与卓绝。从以何水根为代表的第一代珍珠匠人，到如今山下湖镇3000多家的珍珠匠人，都始终坚持初心，不断改进珍珠养殖技术与设计创新，打造出精美绝伦的珍珠饰品。许多国际知名珠宝品牌的珍珠饰品，所用珍珠均来自山下湖，充分说明了诸暨山下湖珍珠的匠心品质。

对山下湖而言，蓬勃发展的珍珠产业描绘了小镇的发展底色，而数字与创新为它插上了腾飞的翅膀。2018年，诸暨珍珠产业创新服务综合体项目在山下湖正式启动，2020年1月，该项目被列入省级产业创新服务综合体创建名单。目前，综合体已形成以总投资30亿元、建筑面积120万平方米的华东国际珠宝城为主阵地，集聚珍珠产业研究、创意设计、检验检测、数字经济、创新创业孵化、小镇展示和产业服务等7大创新服务的多元服务平台，聚焦珍珠产业短板、痛点，布局数字化经济战略，助力珍珠产业转型升级。

十八 西施故里育珠玑——诸暨珍珠

【外形特征】

珍珠是唯一一种用生命孕育的有机宝石,被誉为"珠宝皇后",寓意"健康、长寿、富贵"。珍珠的颜色有白色、粉红色、淡黄色、淡绿色、淡蓝色、褐色、淡紫色、黑色等,以白色为主。

珍珠形状多种多样,包括圆珠、椭圆珠、扁形珠、玛比珠等。圆珠指形态为圆形的珍珠,按圆度分为三种,即正圆珠、圆珠和近圆珠。正圆珠是指圆度最好的,商业上俗称为走盘珠,最大直径和最小直径之差与平均直径之比小于1%。椭圆珠指形态为椭圆形状的珍珠,长短直径比大于10%。扁形珠指形态为扁平面形,有一面或两面的近似平面状,如扁圆形、扁椭圆形、饼形、菱形、方形等。玛比珠是一种半边珍珠,也称Mabe珠、玛贝珠、馒头珠和半圆珠。除圆珠、椭圆珠、扁形珠、玛比珠以外的其他形态各异的珍珠也为数不少,梨形、水滴形、米形、土豆形、豆形及其他形状的珍珠商业上统称为异形珍珠。

【营养疗效】

珍珠主要成分为碳酸钙,还含有蛋白质、氨基酸和微量元素,可磨粉食用。碳酸钙能中和胃酸,经测定,珍珠中纯钙的含量为37%~39%。珍珠中的蛋白质是一种含有多种氨基酸的硬角质蛋白,其中甘氨酸、丙氨酸和天冬氨酸含量最高。珍珠含有铁、铜、镁、锌、锰、钠、硒等元素，其中镁、锰是人体某些酶的辅助因子，与人体生长及智力发育有关；铁是合成血红素必不可少的成分。

珍珠作为重要的药材，在我国已有2000多年药用历史，其药用功能在历代医药古籍及现代药典上都有记载，主要有止咳化痰、镇惊安神、清热解毒、杀菌消毒、止血生肌、明目去翳等作用。

> 《本草经集注》：治目肤翳。
>
> 《药性论》：治眼中翳障白膜。亦能坠痰。
>
> 《海药本草》：主明目，除面皯，止泄。合知母疗烦热消渴，以左缠根治小儿麸豆疮入眼。
>
> 《日华子本草》：安心、明目。
>
> 《本草衍义》：小儿惊热药中多用。
>
> 《本草纲目》：安魂魄，止遗精、白浊，解痘疗毒。
>
> 《本草汇言》：镇心，定志，安魂，解结毒，化恶疮，收内溃破烂。
>
> 《本经逢原》：煅灰入长肉药及汤火伤敷之。

【真假鉴别】

1. 圆度（图18-6）

形状不同，珍珠的价值也不同。俗话说珠圆玉润，以正圆形为标准形状,其他形状为异形或畸形珍珠。根据形状可把珍珠分为五类:正圆、近圆、馒头圆、椭圆、异形。

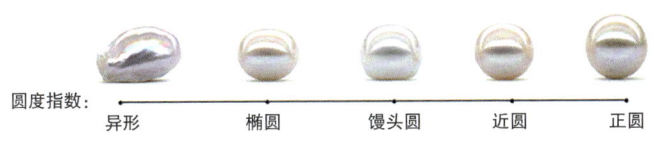

图18-6 圆度

2. 光泽度(图18-7)

光泽度指表皮的粗细程度和反光程度。要求皮光越高越好,晶莹夺目者最好。皮细而光洁的标志是:对着光洁的珍珠,在其映照的图像中能看见自己的眼睛的瞳仁。是以光泽度强为优珠。因珍珠母贝种类、个体大小、产地、收珠季节不同,其光泽度会有差异。光泽是珍珠的生命,光泽度好的珍珠给人以含蓄、典雅、柔和的美感。

图18-7 光泽度

3. 瑕疵度(图18-8)

珍珠的瑕疵严重影响光洁度和坚实度。瑕疵当然越少越好,但"无瑕不成珠",天然珍珠多少会有些瑕疵。一般以0.5米远处看不到瑕疵为可以接受的标准。

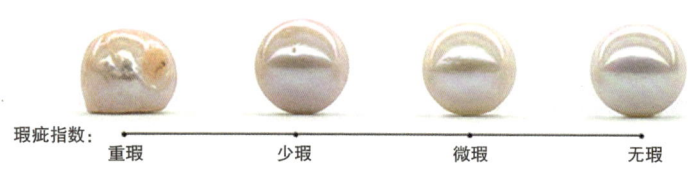

图18-8 瑕疵度

4. 颜色

珍珠的颜色,有白色、粉红色、淡黄色、淡蓝色等,各不相同。因此,其价值也各不一样。一般白色中微透粉色者最佳,俗称"醉美人";极白润的珍珠也属珍贵,称为"新光珠"。

5. 大小

珍珠以大者为佳。俗话说"七分珠子八分宝",就是说七分重的称为珍珠,而八分重的珍珠就称为宝珠了。因为大者不易得,身价可倍增。从更细分的角度来看,珍珠一般分为四级:珍珠直径在8毫米以上者,为大珠;直径为6~8毫米者,为中珠;直径为5~6毫米者,为小珠;直径在5毫米以下者,为细珠。大型珠,优于小型珠,其价格相差甚远。

【加工产业】

诸暨市拥有珍珠加工企业2459家,深加工企业315家,贸易企业162家,其中销售额超5000万元珍珠企业21家,超亿元企业8家(图18-9)。2020胡润全球珍珠企业创新品牌榜50强中,中国以

24家遥遥领先,其中诸暨珍珠企业有15家,阮仕珍珠、千足珍珠和爱迪生珍珠3家珍珠企业进入全球10强。

以珍珠为主要原料加工成的珍珠粉、面膜、洁面乳、爽肤水和乳液等珍珠产品在全国各地广泛销售,营销网络遍布50多个国家和地区。其中,珍珠粉用途极为广泛,既能美容养颜又可以药用。

图18-9　诸暨市山下湖珍珠特色工业园

2019年7月1日,由诸暨珍珠粉龙头企业浙江长生鸟健康科技股份有限公司领衔起草的GB/T 36930—2018《珍珠粉》和GB/T 36923—2018《珍珠粉鉴别方法》两项国家标准正式实施,破解了困扰行业数十年之久的珍珠粉真假鉴别难题,意味着珍珠粉真假鉴别和品质鉴定将有据可依。这对规范珍珠粉市场、提升消费者信心、促进珍珠粉产业健康发展将起到巨大促进作用。

近年来,浙江省大力发展珍珠产业,推动"美丽产业"转型升级。诸暨作为全球最大的淡水珍珠产销集散中心,坚持数字赋能、改革破题、创新制胜,加快推进珍珠产业集群化、数智化、高端化改造,形成了创意设计、网红直播等一批全新业态,产业链加快延伸,创新链持续做强,价值链不断提升(图18-10)。"十四五"期间,随着新发展格局的构建和居民消费的升级,珍珠产业发展将拥有更加广阔的市场空间。诸暨珍珠产业将继续由"珠"向"宝"加速蝶变，为浙江省建设"重要窗口"增添美丽成色。

图18-10　阮仕珍珠企业设计的G20会议主题珍珠胸针

参考文献

[1] 高露姣,夏永涛,黄艳青,等.俄罗斯鲟鱼卵与西伯利亚鲟鱼卵的营养成分比较[J].海洋渔业,2012,4(1):57-63.

[2] 化春光.鱼子酱——顶级食材的黑珍珠[J].旅游时代,2012,5:24-26.

[3] 马双,郝淑贤,李来好,等.几种鱼卵营养成分对比分析[J].水产科学,2019,15(4):113-121.

[4] 贺艳辉,袁永明,张红燕,等.中国鲟鱼子酱出口竞争力分析及展望[J].农学学报,2020,10(5):58-62.

[5] 王扬,许晓军,丁雪燕,等.生态净养和传统养殖乌鳢的营养品质研究[J].食品质量安全检测学报,2020,11(22):8290-8297.

[6] 戴志远,洪泳平,张燕平,等.羊栖菜的营养成分与评价[J].水产学报,2002,26(4):382-284.

[7] 王扬,何良强,王海洪,等.羊栖菜多糖对小鼠免疫功能的影响[J].宁波大学学报(理工版),2003,16(3):245-247.

[8] 储乔江,冯晓宇.南美白对虾高位池大棚养殖创高效[J].科学养鱼,2020(7):28.

[9] 潘军军.杭州市萧山区南美白对虾养殖技术[J].现代农业科技,2021(15):197-201.

[10] 田雨,江艳华,郭莹莹,等.紫菜营养品质及食用价值研究进展[J].食品安全质量检测学报,2021,12(12):4931-4936.

[11] 应苗苗,施文正,潘峰.紫菜不同收割期营养成分的分析[J].浙江农业科学,2009,6:1227-1228.

[12] 章显武,陈孝涨,褚茂兵,等.坛紫菜插杆式养殖技术[J].科学养鱼,2021(3):63-64.

[13] 谢尚武.温州苍南县紫菜产业发展及对策研究[D].舟山:浙江海洋大学,2019.

[14] 高露姣,夏永涛,黄艳青,等.俄罗斯鲟鱼卵与西伯利亚鲟鱼卵的营养成分比较[J].海洋渔业,2012,4(1):57-63.

[15] 化春光.鱼子酱—顶级食材的黑珍珠[J].旅游时代,2012,5:24-26.

[16] 马双,郝淑贤,李来好,等.几种鱼卵营养成分对比分析[J].水产科学,2019,15(4):113-121.

[17] 贺艳辉,袁永明,张红燕,等.中国鲟鱼子酱出口竞争力分析及展望[J].农学学报,2020,10(5):58-62.

[18] 于昱,袁缨.多不饱和脂肪酸的营养研究[J].中国饲料,2003(24):21-23.

[19] 杨月欣,王光亚,潘兴昌.中国食物成分表:第一册[M].2版.北京:北京大学医学出版社,2009.